建筑起重机械安全检查图解系列手册

宁 波 市 住 房 和 城 乡 建 设 局
宁　波　市　建　筑　业　协　会 **组织编写**
中国人民财产保险股份有限公司宁波市分公司

施工升降机安全检查图解手册

袁　斌　主编

中国建筑工业出版社

图书在版编目（CIP）数据

施工升降机安全检查图解手册／袁斌主编；宁波市住房和城乡建设局，宁波市建筑业协会，中国人民财产保险股份有限公司宁波市分公司组织编写．—北京：中国建筑工业出版社，2022.7（2023.5重印）
（建筑起重机械安全检查图解系列手册）
ISBN 978-7-112-27579-3

Ⅰ．①施…　Ⅱ．①袁…②宁…③宁…④中…　Ⅲ．①建筑机械－升降机－安全检查－图解　Ⅳ．①TH211.08－64

中国版本图书馆CIP数据核字（2022）第117116号

责任编辑：杨　允
责任校对：张惠雯

建筑起重机械安全检查图解系列手册
宁波市住房和城乡建设局
宁波市建筑业协会　组织编写
中国人民财产保险股份有限公司宁波市分公司
施工升降机安全检查图解手册
袁　斌　主编
*
中国建筑工业出版社出版、发行（北京海淀三里河路9号）
各地新华书店、建筑书店经销
北京科地亚盟排版公司制版
北京中科印刷有限公司印刷
*
开本：787毫米×1092毫米　1/16　印张：11½　字数：274千字
2022年7月第一版　2023年5月第二次印刷
定价：**59.00**元
ISBN 978-7-112-27579-3
（39102）

编审委员会

前 言

Preface

由于建筑施工领域内的建筑起重机械一直是危险性较大的行业，每年发生的安全事故一直居高不下。为了有效减少建筑起重机械安全隐患，以“建筑起重机械安全检查图解系列手册”的形式，将宁波市建筑行业实施的建筑起重机械“保险+服务”的成果进行转化，用以指导从事建筑起重机械租赁、安拆、制造、检测、风险管理等企业的安全教育培训及生产作业，从而达到预防安全生产事故发生的目的。

本系列丛书从检查维保人员的检查视线、检查流程等角度出发，以起重机械各结构部件为主要项目，通过检查要点、常见问题、失效形式等文字描述，以检查图例、隐患图例等图片形式展现，具有案例丰富、针对性强、简单明了、通俗易懂的特点。

本书分别对施工升降机、物料提升机、高处作业吊篮的主要结构部件，进行详细的图文说明，内容包括检查要求、常见问题、失效形式、检查方法、检查图例、隐患图例、预防措施等。

本书编委会

目 录

Contents

第1篇 施工升降机

第3篇　高处作业吊篮

第1篇　施工升降机

第 1 章

地面围护

1.1 基础及围护

<table>
<tr><th>项目</th><th>检查要点</th><th>常见问题</th><th>失效形式</th><th>检查方法</th></tr>
<tr><td rowspan="4">检查内容</td><td rowspan="4">1. 基础面应平整,基础制作应符合使用说明书或专项施工方案的要求。
2. 基础及周围应有排水设施,不得积水及堆积杂物。
3. 应设置高度不低于1.8m的地面防护围栏,固定牢固,并不得缺损。
4. 电缆筒安装位置合理,电缆进出顺畅,无钩挂、逸出</td><td>设置在地下室顶板上、未按专项方案要求进行回顶</td><td>易导致地下室顶板出现裂缝</td><td rowspan="4">检查位置:
地面

检查方法:
目测,手动测试</td></tr>
<tr><td>基础承台有杂物、积水</td><td>排水不畅,导致钢结构腐蚀,承载能力下降;杂物过多,易对吊笼底部产生撞击</td></tr>
<tr><td>围栏缺失、网板破损、固定不牢固</td><td>缺少围栏保护,人误入后容易引发伤害事故</td></tr>
<tr><td>电缆筒未设置、导向装置未设置</td><td>容易造成电缆钩住外物而断裂</td></tr>
</table>

<table>
<tr><td>检查图例</td><td colspan="2">
</td></tr>
<tr><td rowspan="4">隐患图例</td><td></td><td></td></tr>
<tr><td>围护处杂物乱放,影响吊笼安全运行</td><td>基础承台杂物较多</td></tr>
<tr><td> </td><td></td></tr>
<tr><td>基础积水且杂物较多</td><td>后侧围栏缺失且首层未设置防护门</td></tr>
</table>

<table>
<tr><td rowspan="4">隐患图例</td><td></td><td></td></tr>
<tr><td>围栏缺失，且底层未设置层门</td><td>围栏缺失</td></tr>
<tr><td></td><td></td></tr>
<tr><td>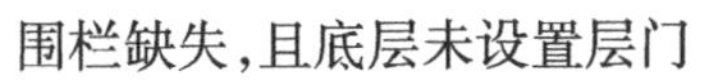围栏缺失，且底层未设置层门</td><td>底部后面围护用钢筋代替，且未全封闭</td></tr>
</table>

<table>
<tr><td rowspan="2">隐患图例</td><td></td><td></td></tr>
<tr><td>电缆筒导向装置缺失</td><td>电缆筒未装</td></tr>
<tr><td>预防措施</td><td colspan="2">1. 基础设置在地下室顶板上时,应对其支承结构进行承载力验算,专项方案中应有设计计算书和施工图。
2. 使用过程中,应及时清理基础上的积水及杂物。
3. 安拆和运输过程中,应做好围栏的保护措施,退场保养时应对围栏进行检查,及时修补或更换损坏的围栏。
4. 如果首层低于围栏高度时,应结合现场实际设置低围栏,不得在未采取加固措施就将后围栏拆除,导致围栏整体松动,吊笼撞击围栏。
5. 应采用大容量的电缆筒,并在顶部设置导向装置,保护电缆不逸出,不受到机械损伤</td></tr>
</table>

1.2　围栏门及专用电箱

项目	检查要点	常见问题	失效形式	检查方法
检查内容	1. 围栏门应装有机械锁止装置和电气安全开关,使吊笼只有位于底部规定位置时,围栏门才能开启,且在门开启后吊笼不能启动。 2. 围栏门无变形,开启顺畅,门框与门导向重叠量合理无脱出可能,配重重量合适,围栏门无自动开启趋势,钢丝绳无损伤,防钢丝绳脱出措施可靠。 3. 专用配电箱门体门锁完好、接线规范、端子无松动,并设有紧急断电装置	机械锁止装置、电气安全开关失效	联锁功能失效,人员误操作开门,导致人员误入吊笼底部,造成人身伤害	检查位置:地面 检查方法:目测,手动测试
		围栏门变形、启闭困难,或配重过重有自动开启趋势		
		紧急断电装置失效	围栏门无法闭合,电梯无法启动	
检查图例	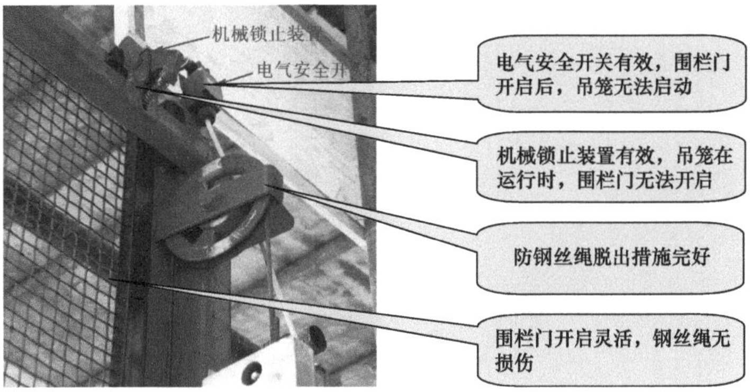 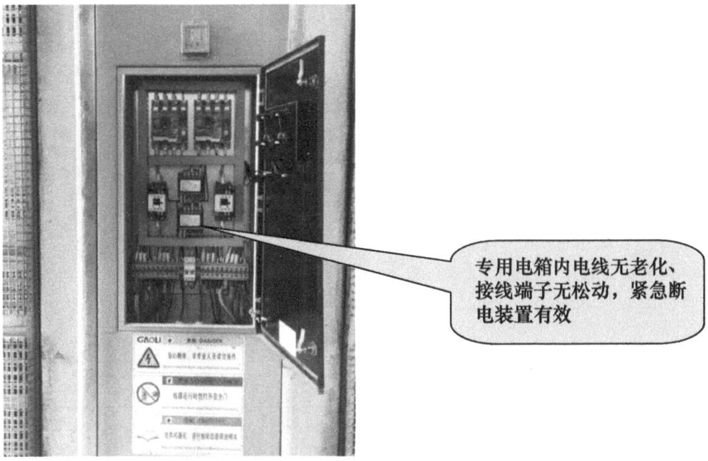			

<table>
<tr><td rowspan="4">隐患图例</td><td></td><td></td></tr>
<tr><td>电气安全开关损坏</td><td>围栏门损坏</td></tr>
<tr><td></td><td></td></tr>
<tr><td>机电联锁装置失效</td><td>围栏门电气限位失效,推杆伸出量不够</td></tr>
</table>

<table>
<tr><td rowspan="6">隐
患
图
例</td><td>
</td><td> </td></tr>
<tr><td>电气限位失效，推杆弯曲变形</td><td>电气限位失效，推杆弯曲变形</td></tr>
<tr><td>
</td><td></td></tr>
<tr><td>围栏门机械锁止装置失效</td><td>机械钩缺失</td></tr>
<tr><td></td><td></td></tr>
<tr><td>电气联锁装置失效，且在围栏门未关闭情况下运行吊笼</td><td>机械钩无法动作（铁丝绑扎）</td></tr>
</table>

隐患图例		
	电箱门脱落,接线不规范	急停按钮缺失

	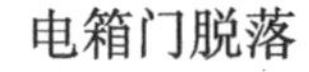电箱门脱落	急停按钮缺失
预防措施	1. 使用过程中应每日检查机械锁止装置和电气安全开关是否完好,禁止在两者缺一情况下运行吊笼。 2. 运输及使用过程中,应做好围栏门及门框的保护措施,防止围栏门因外力撞击导致变形。 3. 使用过程中,应做好围栏门的润滑工作,不宜大力作用于门的启闭,导致门多次撞击后出现变形及钢丝绳损伤现象。 4. 保持门体与门框导向部件位置正确,间隙合理,无脱出趋向。 5. 定期检查专用电箱,防止私拉乱接并测试紧急断电装置的有效性	

1.3 底　　架

<table>
<tr><th>项目</th><th>检查要点</th><th>常见问题</th><th>失效形式</th><th>检查方法</th></tr>
<tr><td rowspan="3">检查内容</td><td rowspan="3">1. 底架主要结构件应无明显塑性变形和严重锈蚀。
2. 底架与基础固定可靠、无松动;固定螺杆规格及材质符合说明书要求。
3. 缓冲弹簧或橡胶完好,并固定在与底架相连接的缓冲支座上</td><td>底架变形、部件漏装</td><td rowspan="2">底部固定强度不足,导轨架存在倾覆的风险</td><td rowspan="3">检查位置:
地面

检查方法:
目测,手拧测试</td></tr>
<tr><td>固定螺杆松动、未安装、材质不符要求</td></tr>
<tr><td>缓冲弹簧或橡胶缺失</td><td>未能使吊笼下降着地时柔性接触,吊笼底部易变形</td></tr>
<tr><td>检查图例</td><td colspan="4"> 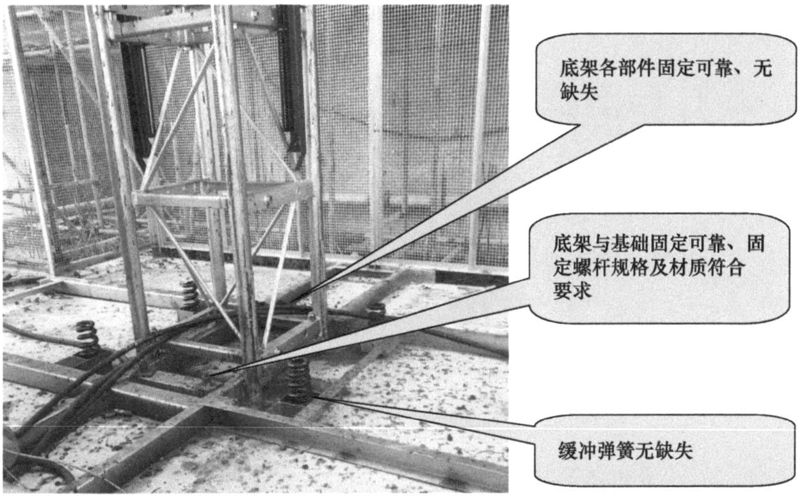</td></tr>
<tr><td rowspan="2">隐患图例</td><td colspan="2"> </td><td colspan="2"> </td></tr>
<tr><td colspan="2">固定螺栓断裂</td><td colspan="2">底架螺栓松动</td></tr>
</table>

<table>
<tr><td rowspan="4">隐患图例</td><td></td><td></td></tr>
<tr><td>底架固定螺栓未紧固</td><td>底架固定螺栓松动</td></tr>
<tr><td></td><td></td></tr>
<tr><td>缓冲弹簧缺失</td><td>缓冲弹簧倾倒，固定螺栓未安装</td></tr>
<tr><td>预防措施</td><td colspan="2">1. 施工升降机安装前应对底架进行检查，除锈涂漆。对有严重锈蚀、整体或局部变形的构件必须更换，符合产品标准规定后方能进行安装。
2. 基础预埋底架（或预埋螺杆）放置时，应对安装尺寸进行校核，防止因定位尺寸偏差，导致底架安装孔被破坏。
3. 当基础固定螺杆采用锚栓植筋形式时，应提前进行，在达到承载要求后方可进行施工升降机的安装。
4. 禁止在基础混凝土强度未达要求或底架未固定的情况下，就进行上部导轨架的安装。
5. 为减少对吊笼底部的撞击，宜采用锥形体的弹簧结构，不应采用轮胎等弹性体来代替缓冲弹簧</td></tr>
</table>

1.4 地面防护棚

项目	检查要点	常见问题	失效形式	检查方法
检查内容	1. 地面出入通道搭设规范牢固的防护棚。 2. 防护棚应沿架体三面设置(除进、出料面外),高度低于30m的电梯不小于3m,高度大于30m的不小于5m;应搭设两层,上下间距不小于60cm,若采用脚手片的,上下层应垂直铺设。 3. 四周应设置合理的防护栏杆	防护棚未搭设或搭设简单,不规范 棚顶堆积杂物 未设置防护栏杆	防护棚不能起到安全防护作用,高空坠物时,易对进出吊笼的人员造成伤害	检查位置:地面 检查方法:目测
检查图例	 5#楼人货电梯安全防护棚 棚顶应设置双层防护 防护棚的覆盖范围应大于上方施工可能坠落物体的影响范围			

<table>
<tr><td rowspan="2">隐患图例</td><td></td><td></td></tr>
<tr><td>未搭设防护棚，已投入使用</td><td>未搭设防护棚，已投入使用</td></tr>
<tr><td>预防措施</td><td colspan="2">1. 防护棚搭设长度应覆盖走道，宽度应大于吊笼宽度。
2. 做好现场作业人员的安全交底，进出施工升降机应走专用的通道，不得在防护棚下长时间停留。
3. 防护棚宜定型化制作，采用型钢和钢板搭设或者采用双层木制板搭设，并应能承受高空坠物的冲击</td></tr>
</table>

第2章

吊　笼

2.1 整体结构

<table>
<tr><th>项目</th><th>检查要点</th><th>常见问题</th><th>失效形式</th><th>检查方法</th></tr>
<tr><td rowspan="5">检查内容</td><td rowspan="5">1. 吊笼整体外观完好，无明显塑性变形、裂纹和严重锈蚀。
2. 吊笼进料门装有机械锁钩，运行时不能自动打开；吊笼运行至地面后，安装在围栏上的锁定装置触发板能正常打开锁钩。
3. 吊笼门开闭顺畅，导向可靠，配重合理，无自行开启趋势。钢丝绳及滑轮完好，并设有防止钢丝绳脱槽装置。
4. 笼顶护栏完整，护栏之间有可靠连接；护栏的上扶手高度不应小于1.1m，中间高度应设置横杆，挡脚板高度不应小于100mm。</td><td>笼体底部变形、锈蚀</td><td>底板锈蚀后容易出现人或物坠落事故</td><td rowspan="5">检查位置：
吊笼内、外部；
上升吊笼离地2.5m左右，自下往上检查吊笼底板

检查方法：
目测，手动测试</td></tr>
<tr><td>进料门锁定装置被绑扎、锁定装置触发板损坏</td><td>吊笼运行时进料门能被人为开启，造成人员坠落事故</td></tr>
<tr><td>门变形、脱轨、自行开启，钢丝绳损坏、跳槽，滑轮损坏</td><td>造成门开启困难，导致吊笼在门未闭状态下运行，容易出现高处坠落事故</td></tr>
<tr><td>护栏缺失、变形</td><td>在笼顶作业时容易出现高处坠落事故</td></tr>
<tr><td>导轮松动、脱落、轴承损坏、磨损、间隙过小</td><td>吊笼运行过程中，会出现振动、偏摆等现象</td></tr>
</table>

<table>
<tr>
<td rowspan="2">检查内容</td>
<td rowspan="2">5. 吊笼上各导轮固定可靠,转动灵活,无明显侧倾偏摆,与标准节间隙在0.3~0.5mm。
6. 吊笼上沿导轨设置的安全钩不应少于2对,安全钩位置应确保当齿轮脱离齿条时仍在导轨架上;固定安全钩的螺栓应采用规定规格的高强度螺栓。
7. 当吊笼顶用作安装、拆卸、维修的平台时,应设有检修或拆装时的顶部控制装置,控制装置应安装非自行复位的急停开关,任何时候均可切断电路、停止吊笼运行</td>
<td>安全钩松动、脱落,采用普通螺栓或小规格螺栓代为固定</td>
<td>当吊笼因意外冲顶时,安全钩未装、固定螺栓强度级别低或安装位置错误都会引起吊笼坠落事故</td>
<td rowspan="2">检查位置:
吊笼内、外部;上升吊笼离地2.5m左右,自下往上检查吊笼底板

检查方法:
目测,手动测试</td>
</tr>
<tr>
<td>控制装置损坏、控制按钮失效</td>
<td>顶升作业时,因控制装置失效,容易发生吊笼冲顶坠落事故</td>
</tr>
<tr>
<td>检查图例</td>
<td colspan="4">笼顶护栏完好,无缺失
进料门机械锁钩有效
进、出料门开启灵活,钢丝绳无损坏
底部无变形、锈蚀
安全钩固定可靠、无松动
导轮无松动、转动灵活
位于吊笼主结构处的唯一性标识清晰可见</td>
</tr>
</table>

<table>
<tr><td rowspan="4">隐患图例</td><td></td><td></td></tr>
<tr><td>锁钩失效，进料门可在吊笼运行中打开</td><td>双导轮的固定螺栓松动</td></tr>
<tr><td></td><td></td></tr>
<tr><td>吊笼底板严重破损</td><td>进料门变形</td></tr>
</table>

隐患图例		

	门对重块逃出	吊笼门钢丝绳严重断丝

	吊笼顶护栏局部缺失	吊笼顶护栏全部缺失

<table>
<tr><td rowspan="4">隐患图例</td><td></td><td></td></tr>
<tr><td>吊笼顶护栏缺失</td><td>吊笼顶护栏撞击损坏</td></tr>
<tr><td></td><td></td></tr>
<tr><td colspan="2">加节作业时，因顶部控制装置损坏，吊笼内操作，导致吊笼冲顶后坠落</td></tr>
</table>

<table>
<tr><td rowspan="2">隐患图例</td><td></td><td></td></tr>
<tr><td>顶部控制装置损坏</td><td>机械锁钩失效</td></tr>
<tr><td>预防措施</td><td colspan="2">1. 施工升降机退场维保期间应做好吊笼的检查,更换已塑性变形或腐蚀的部件,并及时做好油漆,防止出现表面锈蚀现象,维修时不得擅自改变吊笼高度等尺寸。
2. 施工升降机装拆、运输过程中应做好吊笼的保护措施,避免结构件出现非正常损坏。
3. 为避免吊笼结构变形,装载重物时应尽量均布在底板上,不得局部堆载过多或将重物置于吊笼外侧。
4. 吊笼背面导轮预防措施详见第3.2节。
5. 使用过程中,应注意检查安全钩的紧固和防松是否有效,保证安全钩的有效性。
6. 使用过程中,应及时清理基础底部垃圾,防止堆积过多,撞击吊笼底部,导致结构变形、开裂。
7. 禁止在笼顶装载长物料,避免笼顶护栏被撞击变形</td></tr>
</table>

2.2 吊笼内部

项目	检查要点	常见问题	失效形式	检查方法
检查内容	1. 吊笼内部整体结构完好，在明显位置处有设备信息铭牌及安全操作规程。 2. 吊笼内部出料门应装有机械锁止装置和电气安全开关，只有当门完全关闭后，吊笼才能启动。 3. 吊笼顶部设紧急逃离出口，并配有专用扶梯。紧急出口门应向外开启，并设有电气安全开关。门打开时，吊笼不能启动。 4. 设备控制箱应设有相序和断相保护器及过载保护器。 5. 吊笼内的控制、照明、信号回路的对地绝缘电阻应大于0.5MΩ，照明设施完好	设备铭牌缺失	存在吊笼超年限使用的隐患	检查位置： 吊笼内部 检查方法： 目测，手动测试
		锁钩失效、电气安全开关（门限位）失效	吊笼在门未关闭情况下启动，导致人员受到伤害	
		紧急出口未关闭、专用扶梯缺失	吊笼在紧急出口打开情况下运行，发生高空落物时，容易导致吊笼内人员受到伤害	
		紧急出口限位失效、缺失		
		断相、过载等保护器短接、失效	电机缺少过载保护而烧毁	
		照明设施损坏	夜间施工存在安全隐患	
检查图例	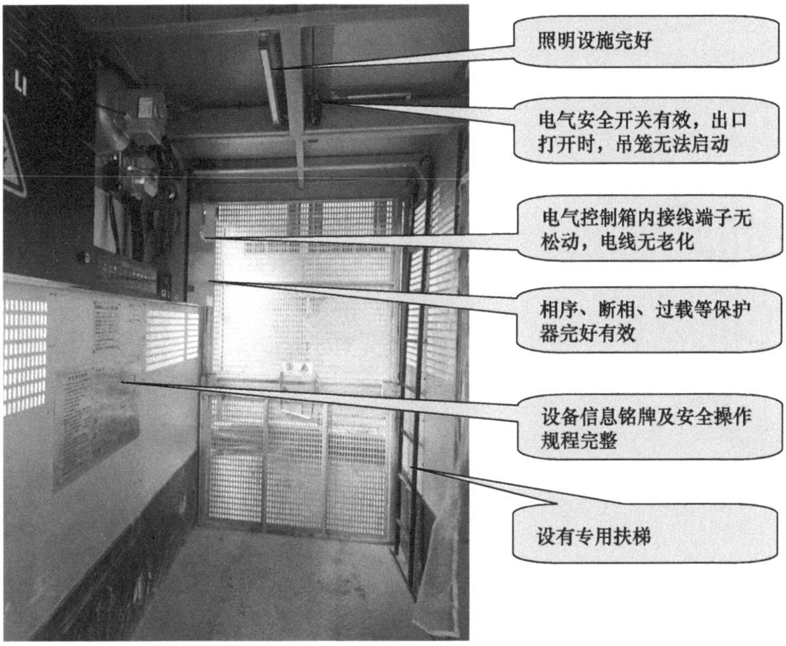 照明设施完好 电气安全开关有效，出口打开时，吊笼无法启动 电气控制箱内接线端子无松动，电线无老化 相序、断相、过载等保护器完好有效 设备信息铭牌及安全操作规程完整 设有专用扶梯			

检查图例	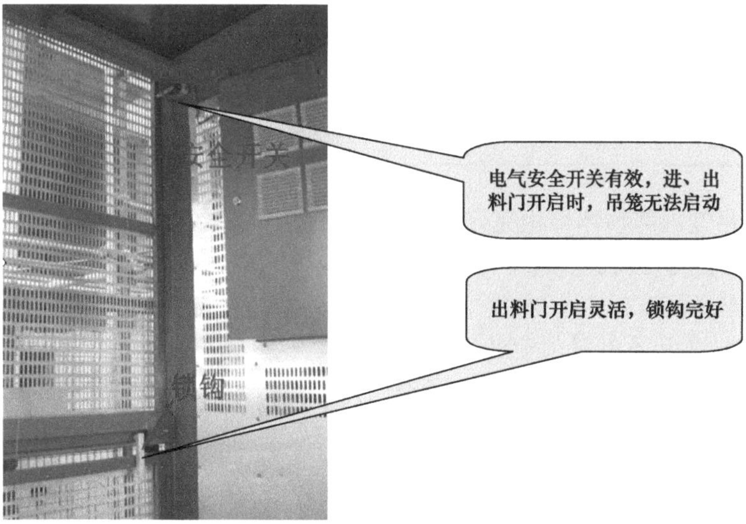 安全开关 电气安全开关有效，进、出料门开启时，吊笼无法启动 出料门开启灵活，锁钩完好 锁钩	
隐患图例	吊笼封板固定脱落	出料门限位失效,推杆伸出量不够

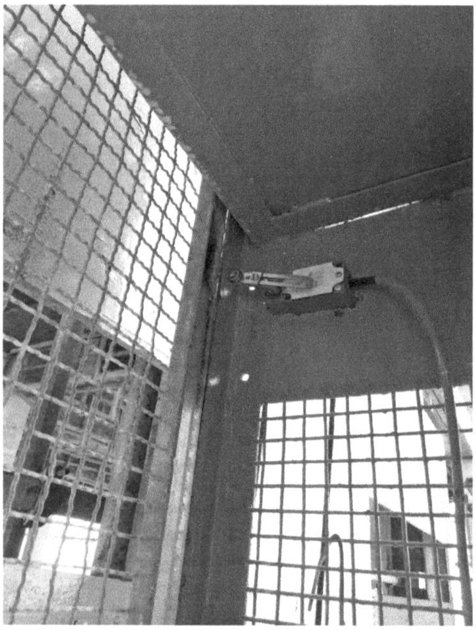

隐患图例		

	吊笼门限位失效	紧急出口限位失效(铁丝绑扎)

	紧急出口限位失效,盖板未关闭	紧急出口限位失效,盖板未关闭

<table>
<tr><td rowspan="4">隐患图例</td><td>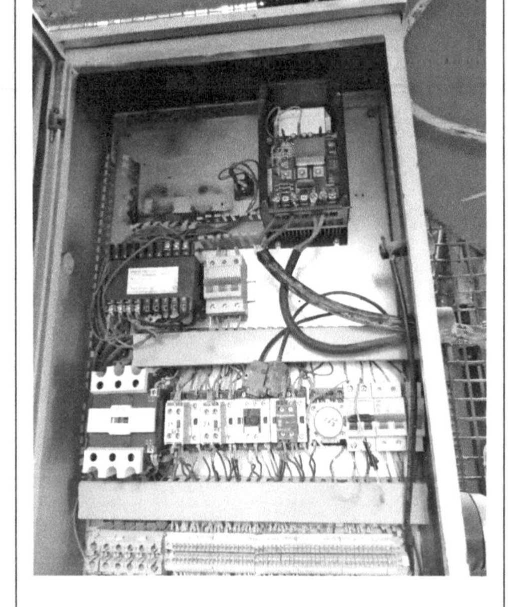</td><td></td></tr>
<tr><td>控制箱内电气元件烧毁</td><td>控制箱门脱落</td></tr>
<tr><td>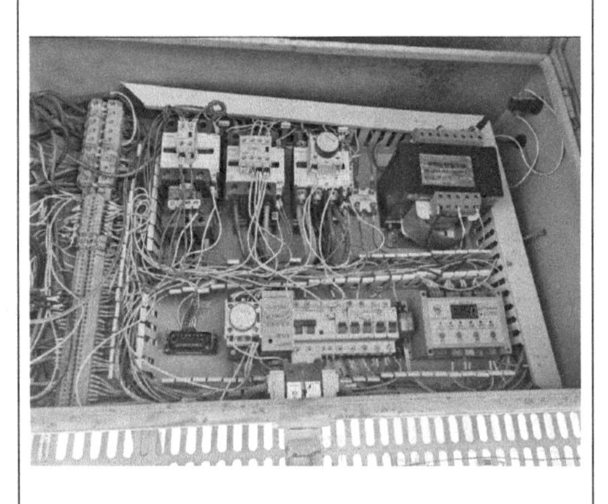</td><td></td></tr>
<tr><td>控制箱内接线混乱</td><td>设备铭牌及安全操作规程缺失</td></tr>
</table>

<table>
<tr><td rowspan="4">隐患图例</td><td></td><td>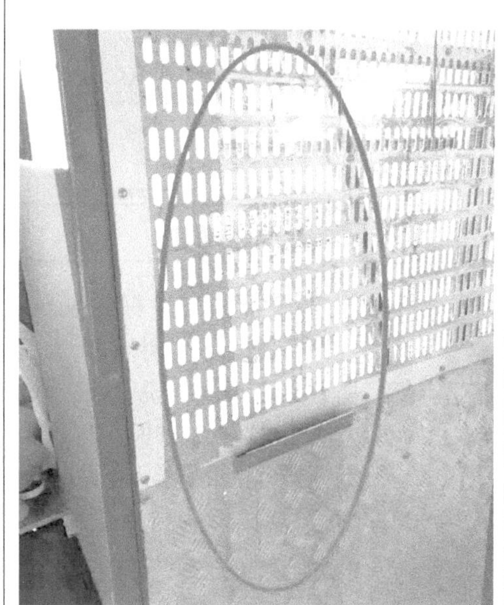</td></tr>
<tr><td>私接220V灯泡照明，未使用安全电压</td><td>专用扶梯缺失</td></tr>
<tr><td></td><td></td></tr>
<tr><td>照明装置脱落</td><td>专用扶梯缺失</td></tr>
<tr><td>预防措施</td><td colspan="2">1. 使用过程中，注意检查各电气安全开关的有效性，避免出现进、出料门及紧急出口开启情况下吊笼仍在运行的现象。
2. 过长物料不得通过紧急出口位置进行装载。
3. 动力运输小车进入吊笼时，应切断电源，防止意外启动撞击，导致吊笼结构出现变形、断裂，严禁电动三轮运输车进入吊笼。
4. 工地供电电压应保持稳定，供电电缆应大于施工升降机主电缆的规格，避免因电压不稳，导致相关保护器短接。
5. 定期检查各接线端子的固定情况，如接触器工作时有异响，应尽快更换</td></tr>
</table>

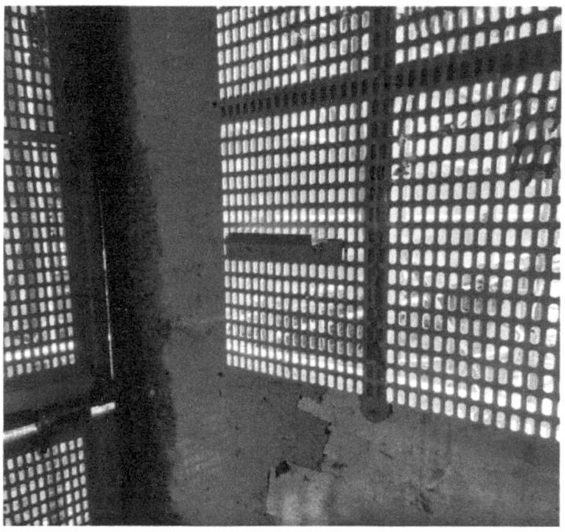

2.3　防坠安全器

<table>
<tr><th>项目</th><th>检查要点</th><th>常见问题</th><th>失效形式</th><th>检查方法</th></tr>
<tr><td rowspan="4">检查内容</td><td rowspan="4">1. 防坠安全器的有效标定期限未超过1年，出厂日期未超过5年。防坠器型号应与说明书一致。
2. 防坠安全器与支撑板、支撑板与吊笼固定牢固，螺栓无缺失。
3. 防坠安全器齿轮与齿条啮合正常，间隙为0.2～0.5mm；安全挡块可靠有效。
4. 吊笼运行过程中，防坠安全器无异常声响。标志销与外表面齐平</td><td>标定日期超1年、出厂日期超5年</td><td rowspan="2">防坠安全器处于不安全状态，有可能无法有效制停失控下滑的吊笼</td><td rowspan="4">检查位置：
吊笼内、外

检查方法：
目测，塞尺测量</td></tr>
<tr><td>采用翻新的防坠安全器</td></tr>
<tr><td>齿轮与齿条啮合间隙过大</td><td rowspan="2">加速防坠安全器的轴齿磨损，无法起到安全制停的作用</td></tr>
<tr><td>内部铜套磨损，运行过程有异响。防坠器存在隐性动作</td></tr>
<tr><td>检查图例</td><td colspan="4">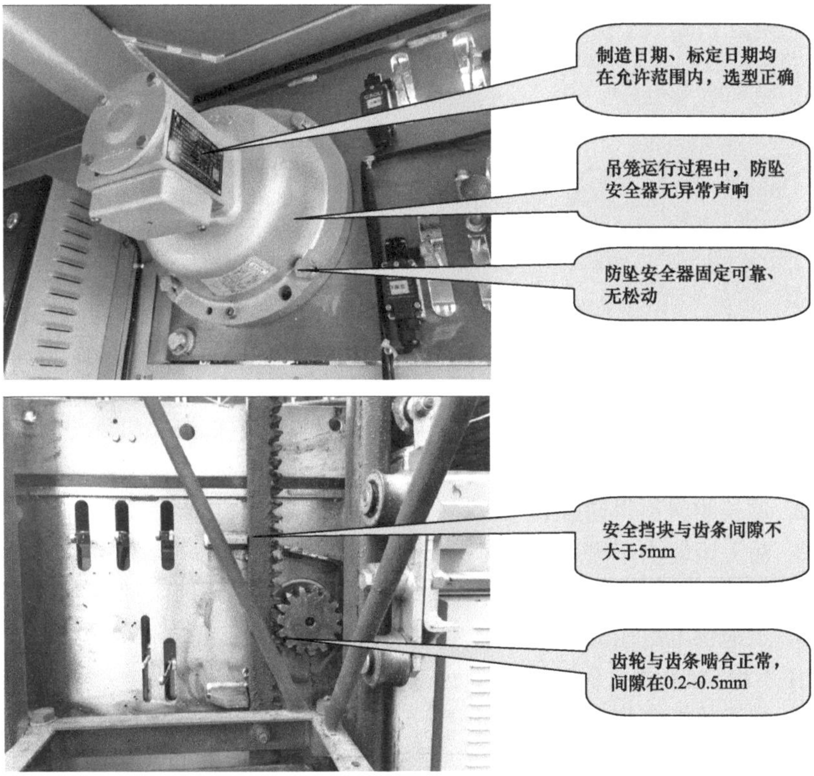
</td></tr>
</table>

<table>
<tr><td rowspan="6">隐患图例</td><td></td><td>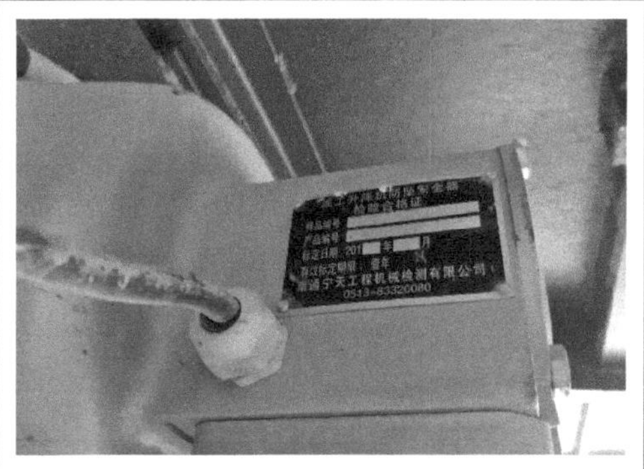</td></tr>
<tr><td>使用翻新的防坠安全器(钢印被打磨)</td><td>超过标定日期后未检测</td></tr>
<tr><td></td><td></td></tr>
<tr><td>超过5年有效使用期</td><td>未采用说明书规定的反向制动防坠器,导致吊笼坠落时制动失败</td></tr>
<tr><td>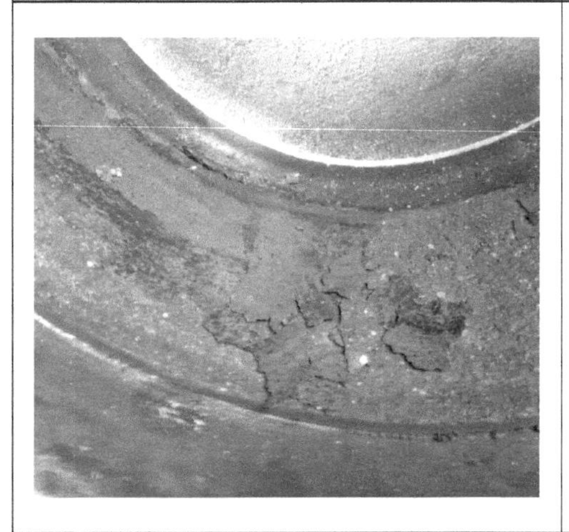</td><td></td></tr>
<tr><td>防坠器隐性动作后吊笼仍在使用,造成制动片长时间摩擦失效,吊笼坠落时防坠失败</td><td>防坠器电气防护罩脱落</td></tr>
</table>

预防措施	1. 使用标定有效期内的防坠安全器，并做好记录，在标定日期到期前应及时送检测单位进行定期检测。防坠器的型号和方向应符合使用说明书的规定。 2. 不使用报废和翻新的防坠安全器，也不使用报废防坠器内的零件。 3. 按说明书规定对出厂所设加油嘴定期加注润滑油，防止铜套磨损后出现异响。 4. 防坠器标定检测单位除了对防坠器进行上机试验外确保其正常动作外，还应解体检查内部零部件的完好性，加注润滑油，清理污物，调整好标志销正确位置，锁好铅封。 5. 升降机日常使用时，司机应每日检查标志销的位置，发现异常应停机检查，排除故障。 6. 为防止防坠安全器结构受损，建议在空载状态下进行吊笼坠落试验，测量制动距离

2.4 上、下行程限位及极限开关

项目	检查要点	常见问题	失效形式	检查方法
检查内容	1. 上、下行程限位及极限开关动作灵敏，动作后，均能使吊笼停止运行。 2. 极限开关应能切断总电源，使吊笼停止。极限开关应为非自动复位型，其动作后，手动复位方能使吊笼重新启动。 3. 限位开关的推杆应位于挡板的居中位置。 4. 变频施工升降机应装有上、下行程减速限位开关	推杆松动	吊笼制停位置出现偏差，会使吊笼与地面出现台阶，物料进出时会产生撞击现象	检查位置： 吊笼内 检查方法： 目测，手动测试
		推杆不能碰到挡板	无法有效制停吊笼，严重时会产生冲顶及底部撞击事故	
检查图例	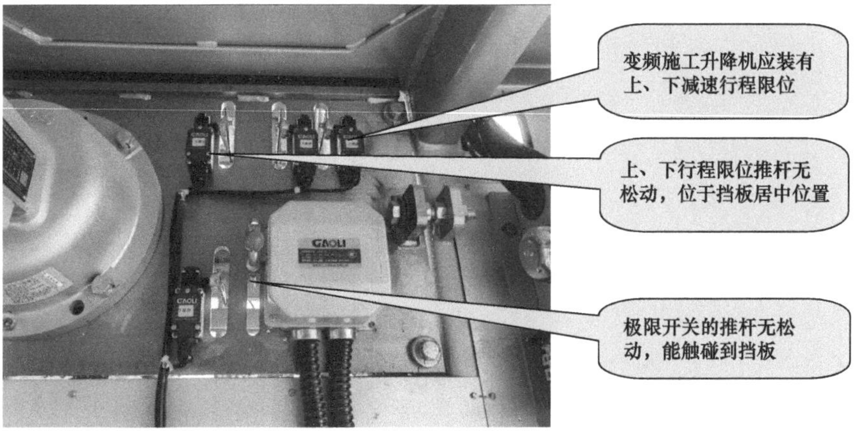 变频施工升降机应装有上、下减速行程限位 上、下行程限位推杆无松动，位于挡板居中位置 极限开关的推杆无松动，能触碰到挡板			

<table>
<tr><td rowspan="4">隐患图例</td><td>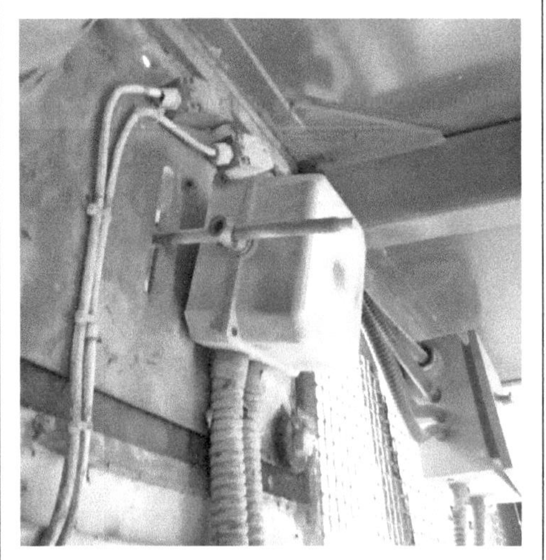</td><td></td></tr>
<tr><td>极限开关固定螺栓脱落</td><td>极限开关推杆松动</td></tr>
<tr><td></td><td></td></tr>
<tr><td>极限开关推杆松动，且伸出量不够</td><td>极限开关推杆松动，且伸出量不够</td></tr>
</table>

<table>
<tr><td rowspan="2">隐患图例</td><td></td><td></td></tr>
<tr><td>极限开关推杆防松螺母松动</td><td>极限开关推杆变形</td></tr>
<tr><td>预防措施</td><td colspan="2">1. 日常检查时,应注意对行程限位及极限位开关推杆的固定和伸出量进行检查,防止限位失效。
2. 司机平时应注意吊笼到地面的制停位置是否发生变化,如出现台阶,应通知维修人员查找原因。
3. 应定期对上、下行程限位及极限开关进行测试,确认是否能使吊笼停止运行</td></tr>
</table>

2.5 司 机 室

项目	检查要点	常见问题	失效形式	检查方法
检查内容	1. 司机室整体完好,无严重锈蚀。 2. 司机室窗户无破损、无遮挡物。 3. 司机室操作面板固定可靠,各操控开关功能有效,急停按钮可切断电路停止吊笼运行。 4. 升降操作手柄操作方向与提示文字方向一致,零位锁止装置动作可靠。 5. 室内环境干净,无大功率取暖设备	司机室破损、严重锈蚀	司机有坠落的风险	检查位置: 吊笼内及外侧 检查方法: 目测,手动测试
		玻璃破损、有遮挡物	司机视线受影响,当吊笼运行空间出现隐患时无法及时处理	
		急停按钮失效	无法在紧急状态下切断电源,使吊笼停止运行	
		操纵开关失效,标志不清晰、脱落;零位锁止装置失效	司机容易误操作,引发事故	
		堆放杂物及易燃物、冬天采用取暖器	容易引发火灾	
检查图例	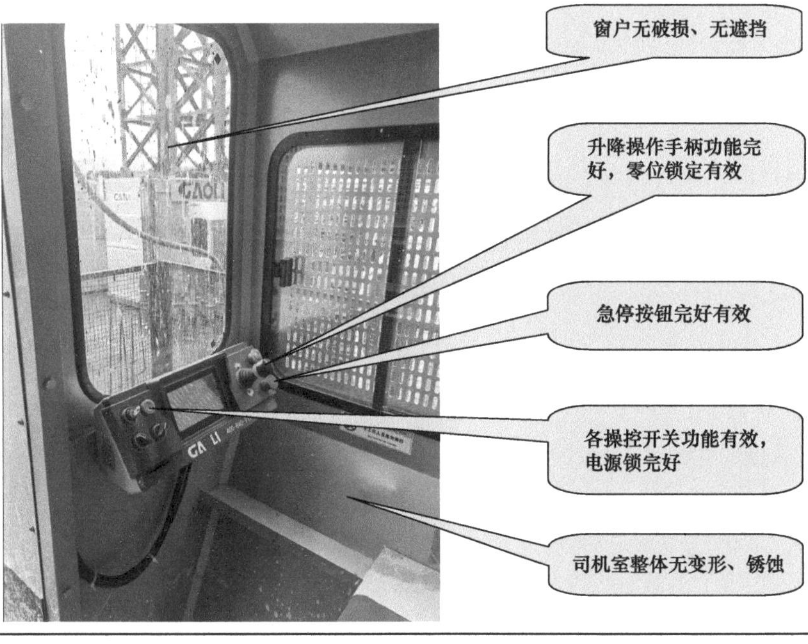 窗户无破损、无遮挡 升降操作手柄功能完好,零位锁定有效 急停按钮完好有效 各操控开关功能有效,电源锁完好 司机室整体无变形、锈蚀			

<table>
<tr><td rowspan="4">隐患图例</td><td>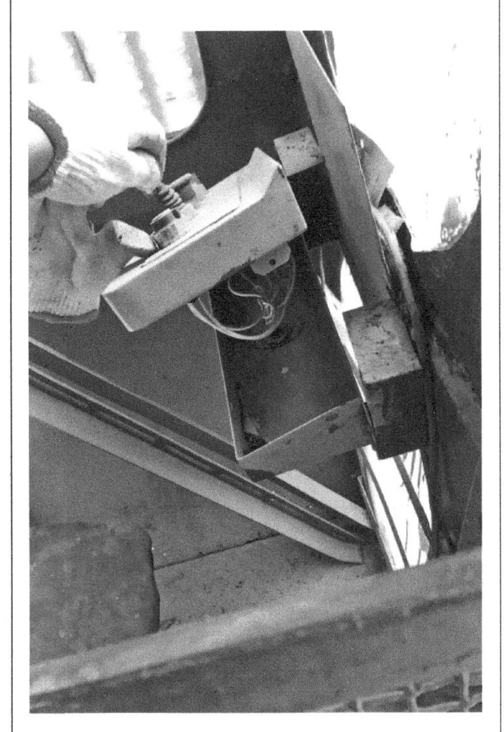</td><td></td></tr>
<tr><td>操作台面板未固定</td><td>操作手柄上悬挂重物，且零位锁止失效</td></tr>
<tr><td></td><td></td></tr>
<tr><td>操作手柄上悬挂重物</td><td>操作手柄上悬挂重物，且零位锁止失效</td></tr>
</table>

<table>
<tr><td rowspan="4">隐患图例</td><td>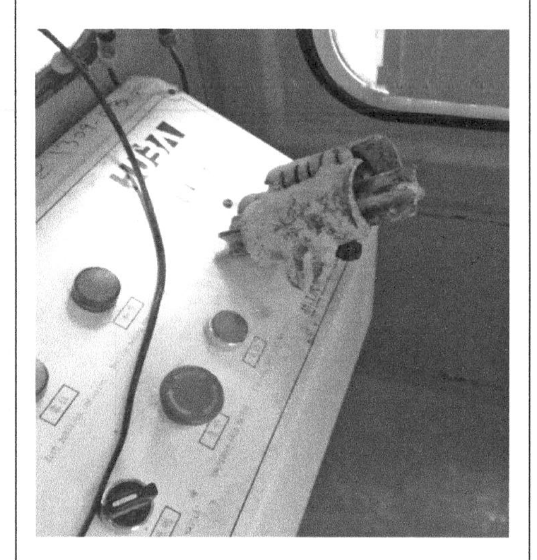</td><td>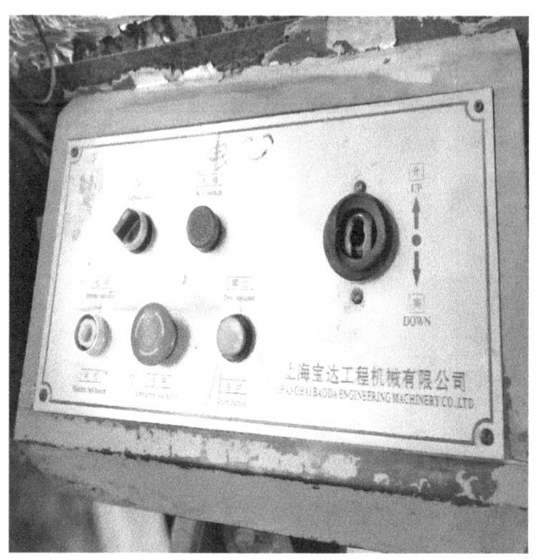</td></tr>
<tr><td>用扣件代替操作手柄</td><td>操作手柄及电铃按钮缺失</td></tr>
<tr><td></td><td></td></tr>
<tr><td>司机室窗户有遮挡物</td><td>司机室内放置大功率取暖器</td></tr>
</table>

<table>
<tr><td rowspan="4">隐患图例</td><td>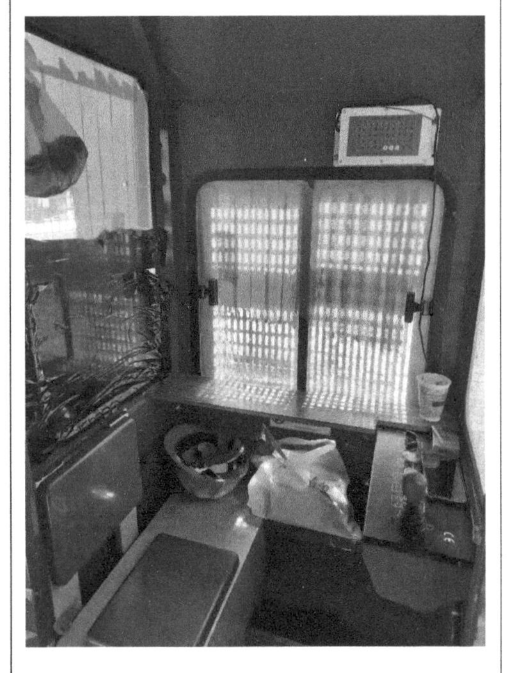</td><td></td></tr>
<tr><td>司机室窗户有遮挡物</td><td>司机室底部严重锈蚀</td></tr>
<tr><td></td><td>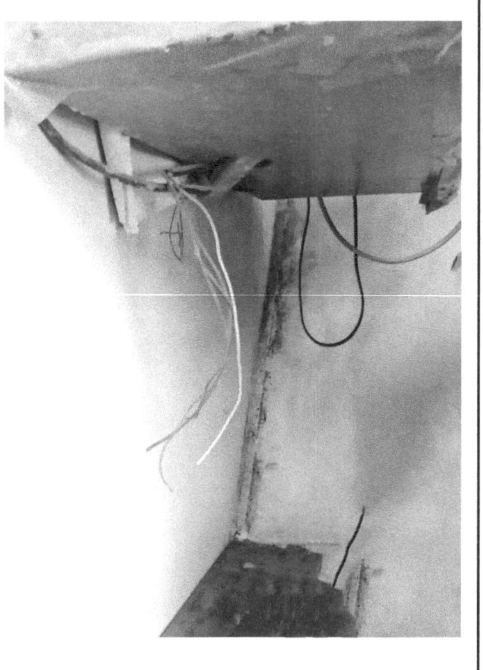</td></tr>
<tr><td>司机室底部破损</td><td>司机室内电线裸露</td></tr>
</table>

预防措施	1. 定期检查操作面板，及时更换损坏的按钮、手柄等电气元件。 2. 司机离开吊笼后，应及时切断电源，并对吊笼上锁，防止他人进入操作吊笼。 3. 应设置窗帘，防止司机因阳光直射时采用粘贴物遮挡玻璃，影响操作视线。 4. 施工升降机退场后，应及时检查司机室，并做好油漆等防锈处理工作；要防止司机室漏水，避免因锈蚀而提前报废。 5. 加强司机的安全教育，禁止私接电源，在操作期间观看视频，在冬季使用大功率取暖器。 6. 在吊笼内配备合格、有效的干粉灭火器

第3章 传动系统

3.1 传动架（正面）

<table>
<tr><th>项目</th><th>检查要点</th><th>常见问题</th><th>失效形式</th><th>检查方法</th></tr>
<tr><td rowspan="4">检查内容</td><td rowspan="4">1. 传动架无明显塑性变形、裂纹和严重锈蚀。
2. 传动架与支撑板、支撑板与减速器固定牢固，螺栓无缺失、缓冲垫完好。
3. 支撑板与传动架的间隙调节螺杆无松动。
4. 传动架与吊笼连接固定符合要求，销轴未采用代用品。
5. 左右支撑板编号与左右吊笼编号相符合</td><td>架体变形、开裂</td><td rowspan="2">架体与导轨架摩擦，支撑板松动，轻则导致传动齿轮加速磨损，重则导致标准节报废</td><td rowspan="4">检查位置：
吊笼内及外侧

检查方法：
目测，手动测试</td></tr>
<tr><td>固定螺栓松动、缺失</td></tr>
<tr><td>调节螺杆松动、支撑板偏斜</td><td>传动齿轮与齿条啮合间隙过大，加速传动齿轮、齿条磨损</td></tr>
<tr><td>连接销轴采用代用品、端部无止挡措施</td><td>销轴容易脱落，导致吊笼坠落</td></tr>
</table>

<table>
<tr><td>检查图例</td><td colspan="2">
</td></tr>
<tr><td rowspan="4">隐患图例</td><td></td><td></td></tr>
<tr><td>支撑板固定螺栓缺失</td><td>支撑板固定螺栓松动</td></tr>
<tr><td> </td><td></td></tr>
<tr><td>连接销轴缺失</td><td>销轴端部固定锁板螺栓缺失</td></tr>
</table>

<table>
<tr><td rowspan="4">隐患图例</td><td></td><td></td></tr>
<tr><td>传感销端部锁止装置缺失，
连接销轴未安装</td><td>减速器固定螺栓松动</td></tr>
<tr><td></td><td></td></tr>
<tr><td>调节螺杆垫片过小</td><td>减速器固定螺栓松动，风叶防护罩缺失</td></tr>
<tr><td>预防措施</td><td colspan="2">1. 施工升降机使用过程中，做好日常的维保检查工作，及时紧固连接螺栓。
2. 司机在吊笼运行过程中，如发现吊笼出现异常摆动或声响时，应立即停机检查支撑板及传动架体的固定螺栓是否松动。
3. 传动架与吊笼的连接建议采用双销轴连接，当采用单销轴连接时，禁止采用替代品，以防止重量限制器失效</td></tr>
</table>

3.2　传动架（背面）

项目	检查要点	常见问题	失效形式	检查方法
检查内容	1. 传动齿轮与齿条啮合时，接触长度沿齿高不得小于40%，沿齿长不得小于50%，啮合间隙为0.2～0.5mm。 2. 导轮连接及润滑应良好，无明显侧倾偏摆，与标准节间隙为0.3～0.5mm。 3. 背轮安装应牢靠，应贴紧齿条背面，无明显侧倾偏摆。 4. 安全挡块应可靠、有效	齿轮磨损、齿轮与齿条啮合间隙过大	吊笼运行过程中，会出现振动、偏摆等现象，加速齿轮的磨损，严重时会因轮齿折断而导致吊笼失控下坠	检查位置： 吊笼顶 检查方法： 目测，齿用宽口千分尺、塞尺测量
		导轮松动、脱落、轴承损坏、磨损、间隙过小		
		背轮松动、脱落、轴承损坏、磨损		
		安全挡块间隙过大	在背轮损坏后，容易使传动齿轮脱离齿条，导致吊笼失控下坠	
检查图例	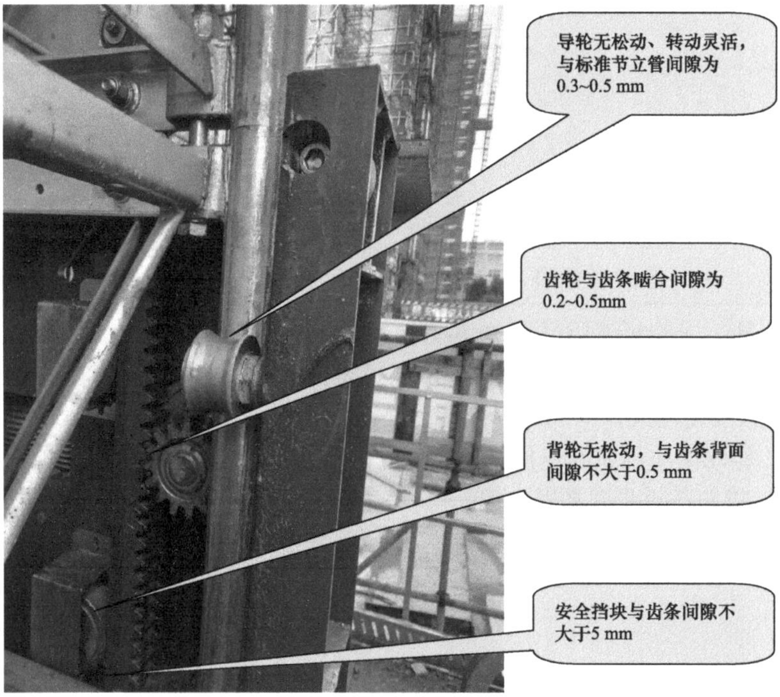 导轮无松动、转动灵活，与标准节立管间隙为0.3~0.5 mm 齿轮与齿条啮合间隙为0.2~0.5mm 背轮无松动，与齿条背面间隙不大于0.5 mm 安全挡块与齿条间隙不大于5 mm			

<table>
<tr><td rowspan="4">隐患图例</td><td></td><td></td></tr>
<tr><td>传动齿轮严重磨损且啮合间隙过大</td><td>传动齿轮严重磨损</td></tr>
<tr><td></td><td></td></tr>
<tr><td>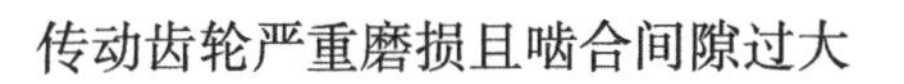传动齿轮严重磨损且啮合间隙过大</td><td>传动齿轮啮合间隙过大</td></tr>
</table>

<table>
<tr><td rowspan="4">隐患图例</td><td></td><td></td></tr>
<tr><td>导轮损坏</td><td>导轮固定螺栓松动</td></tr>
<tr><td></td><td></td></tr>
<tr><td>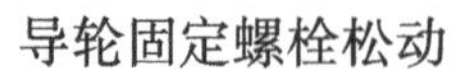导轮固定螺栓松动</td><td>背轮松动后倾斜，导致齿轮啮合间隙增大</td></tr>
</table>

<table>
<tr><td rowspan="4">隐患图例</td><td></td><td></td></tr>
<tr><td>导轮缺失</td><td>背轮轴承损坏后整体脱落</td></tr>
<tr><td></td><td></td></tr>
<tr><td>导轮脱落</td><td>导轮与立管间隙过小，导轮单侧磨损</td></tr>
</table>

<table>
<tr><td rowspan="2">隐患图例</td><td></td><td></td></tr>
<tr><td>背轮脱落</td><td>与立管间隙过小，导轮严重磨损</td></tr>
<tr><td>预防措施</td><td colspan="2">1. 施工升降机退场保养时，应检查传动齿轮的磨损情况，当两齿之间的跨距小于35.1mm时，传动齿轮应进行更换。
2. 使用过程中注意检查导轮与标准节立管、背轮与齿条背面的间隙是否在允许范围内，如间隙出现过大或过小，应立即进行调整。
3. 使用过程中维保人员应检查导轮、背轮是否转动灵活，司机应观察吊笼是否运行平稳，如出现振动、晃动等异常现象时，应及时通知维保人员检查处理。
4. 轴承外圈因硬度高和韧性低而容易碎裂，应避免直接用轴承外圈代替背轮外壳的结构形式</td></tr>
</table>

3.3 减　速　器

<table>
<tr><th>项目</th><th>检查要点</th><th>常见问题</th><th>失效形式</th><th>检查方法</th></tr>
<tr><td rowspan="4">检查内容</td><td rowspan="4">1. 减速器应无渗漏，润滑应良好，各连接紧固件应完整、齐全。
2. 当吊笼运行时，应运行平稳、无异常声响。
3. 联轴器弹性圈完好，防护罩无缺失。
4. 电机接线规范、电缆无破损，对地绝缘电阻大于1.0MΩ</td><td>减速器漏油、连接螺栓缺失、松动</td><td rowspan="2">加速减速器内齿轮、轴承损坏，轻则减速器报废，重则吊笼失去动力后下滑</td><td rowspan="4">检查位置：
吊笼顶

检查方法：
目测，试拧，万用表测量</td></tr>
<tr><td>减速器有异响、抖动</td></tr>
<tr><td>防护罩脱落</td><td>旋转部件容易锈蚀，且有伤人隐患</td></tr>
<tr><td>电缆破损</td><td>漏电或电机烧毁，导致吊笼无法运行</td></tr>
<tr><td>检查图例</td><td colspan="4">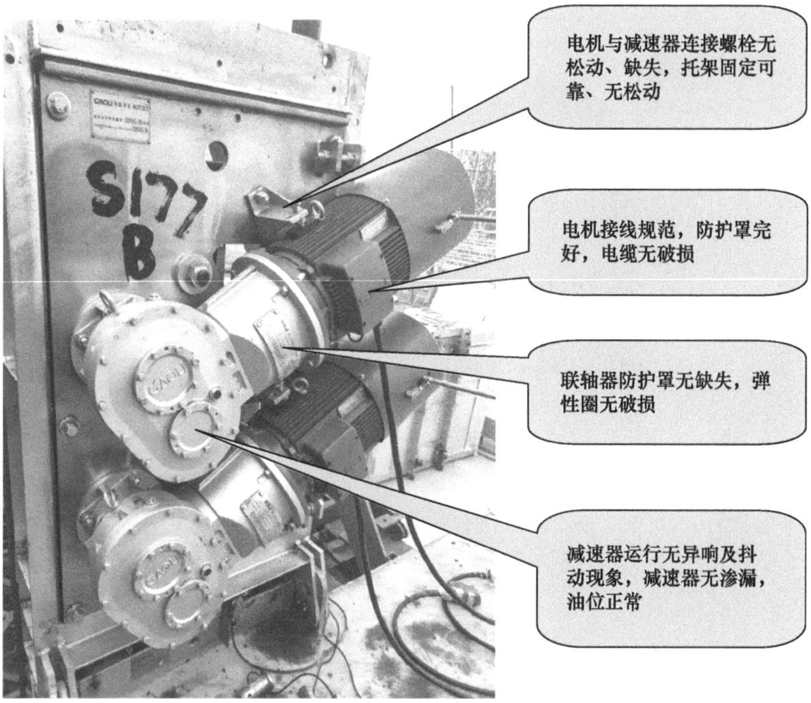
</td></tr>
</table>

电机与减速器连接螺栓无松动、缺失,托架固定可靠、无松动
电机接线规范,防护罩完好,电缆无破损
联轴器防护罩无缺失,弹性圈无破损
减速器运行无异响及抖动现象,减速器无渗漏,油位正常

<table>
<tr><td rowspan="4">
隐患图例</td><td>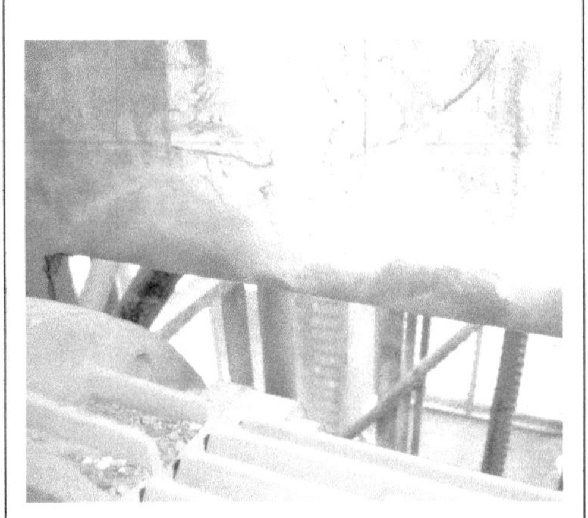</td><td></td></tr>
<tr><td>电机连接螺栓缺失</td><td>电机接线盒无防护罩</td></tr>
<tr><td></td><td></td></tr>
<tr><td>联轴器弹性圈破损</td><td>联轴器弹性圈已全部破损</td></tr>
</table>

<table>
<tr><td rowspan="4">隐患图例</td><td></td><td></td></tr>
<tr><td>风叶无防护罩</td><td>风叶无防护罩</td></tr>
<tr><td></td><td></td></tr>
<tr><td>电机托架橡胶脱落</td><td>电机托架橡胶脱落</td></tr>
</table>

<table>
<tr><td rowspan="2">隐患图例</td><td></td><td></td></tr>
<tr><td>减速器加油盖板脱落</td><td>防护罩未关闭，联轴器已锈蚀</td></tr>
<tr><td>预防措施</td><td colspan="2">1. 施工升降机退场保养时，打开减速器检查盖，探查减速器的齿轮及轴承的磨损情况，并在规定的使用时间内更换轴承。
2. 定期换油。换油时需检查油质，对任何细小颗粒物，需做分析；确认油质正常后，严格按施工升降机的使用说明书规定加注润滑油，不得采用代用品。
3. 加强减速器使用过程中的检查，注意减速器运行时的声音，是否有异响、噪声突然增大以及抖动现象。
4. 建议采用高强度聚氨酯材质的弹性圈，提高承载及减振、缓冲性能，延长使用寿命，防止使用过程中弹性圈破损后，对联轴器造成损伤</td></tr>
</table>

3.4 制　动　器

<table>
<tr><th>项目</th><th>检查要点</th><th>常见问题</th><th>失效形式</th><th>检查方法</th></tr>
<tr><td rowspan="4">检查内容</td><td rowspan="4">1. 制动器动作灵敏，吊笼能可靠制动，无下滑现象。
2. 制动片、摩擦盘的磨损未达到原厚度的50%。
3. 每个制动器应具有手动释放功能，并保证手动施加的作用力一旦撤除，制动器立即回复动作。
4. 制动器应有表面磨损补偿调整措施；只要切断对制动器的电流供应，制动器应无延迟地工作。
5. 防护罩无缺失</td><td>制动片与摩擦盘间隙不均匀，运行时制动片与摩擦盘摩擦</td><td rowspan="2">吊笼因制动力矩不足出现下滑现象，严重时吊笼失控下坠</td><td rowspan="4">检查位置：
吊笼顶

检查方法：
目测，塞尺测量</td></tr>
<tr><td>制动片、摩擦盘磨损</td></tr>
<tr><td>制动器内部挡圈、固定螺栓松动、脱落</td><td>容易卡住制动盘，导致吊笼因制动失效而下坠</td></tr>
<tr><td>防护罩脱落</td><td>容易出现制动器零件锈蚀，表面灰尘积聚等现象，使制动器出现延迟制动而使吊笼下滑；以及雨水会造成制动力矩不足</td></tr>
<tr><td>检查图例</td><td colspan="4"> </td></tr>
</table>

<table>
<tr><td rowspan="4">隐患图例</td><td></td><td></td></tr>
<tr><td>制动器无防护罩</td><td>制动器无防护罩</td></tr>
<tr><td></td><td>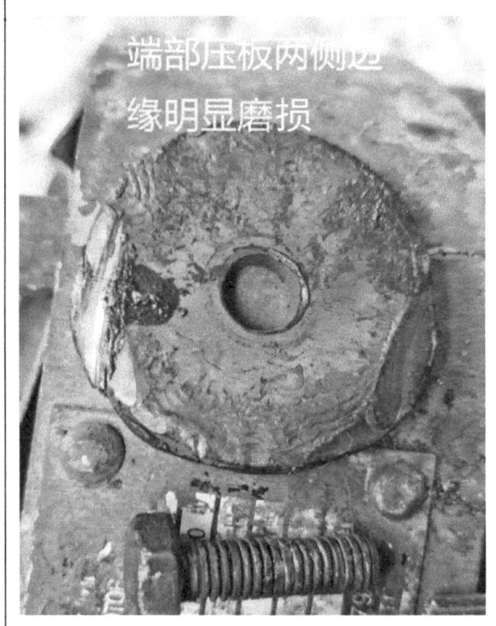</td></tr>
<tr><td>制动片磨损，局部破损</td><td>制动器内部压板脱落，制动失效吊笼坠落</td></tr>
</table>

<table>
<tr><td rowspan="2">
隐患图例</td><td></td><td></td></tr>
<tr><td>制动拉环缺失</td><td>制动拉环固定螺栓脱落</td></tr>
<tr><td>预防措施</td><td colspan="2">1. 施工升降机退场维保时，应对制动器进行解体检查，内部螺栓固定应可靠拧紧防松，并清理制动器内部的粉尘，并在导杆上适当涂抹润滑油；制动器防护罩安装严密。
2. 做好使用过程中的制动器观察和检查。司机应每日观察制动器的工作情况，主要是关注制动器动作声响是否发生异常，同样工况下吊笼下行制动时的下滑量是否明显增大。
3. 日常维保检查时，维保人员应打开制动器防护罩，检查润滑导杆、制动盘厚度，了解制动器运行情况；及时更换达到报废标准的制动片和摩擦盘。
4. 对司机进行安全操作培训，做好突发情况下的应急操作处理。
5. 长时间停用，制动器防护罩不安装严密，环境中的雨水、尘土小颗粒会粘附在制动器的导杆上，导致制动器动作阻卡，施工升降机重新启用时，应进行试机工作，确认制动器动作灵敏无异常，制动时吊笼下滑量不大于 50mm 时，方可恢复正常使用</td></tr>
</table>

3.5　超载保护装置

项目	检查要点	常见问题	失效形式	检查方法
检查内容	1. 超载保护传感销安装正确,端部固定符合要求。 2. 吊笼内超载显示器数据能随重量变化而变化,显示数据与实际基本相符	传感销电线未接、安装位置不正确 传感销端部固定失效 超载显示器数据不会随重量变化而变化	吊笼超载保护失效,长时间超载运行容易导致电机烧毁,吊笼受损	检查位置: 吊笼顶及吊笼内 检查方法: 目测,通过吊笼内重量变化确认
检查图例	传感销轴安装可靠、无松动 显示器工作正常,能随着重量的变化而变化 控制线接线规范,无破损			
隐患图例	传感销脱出,连接销轴未安装		传感销脱出	

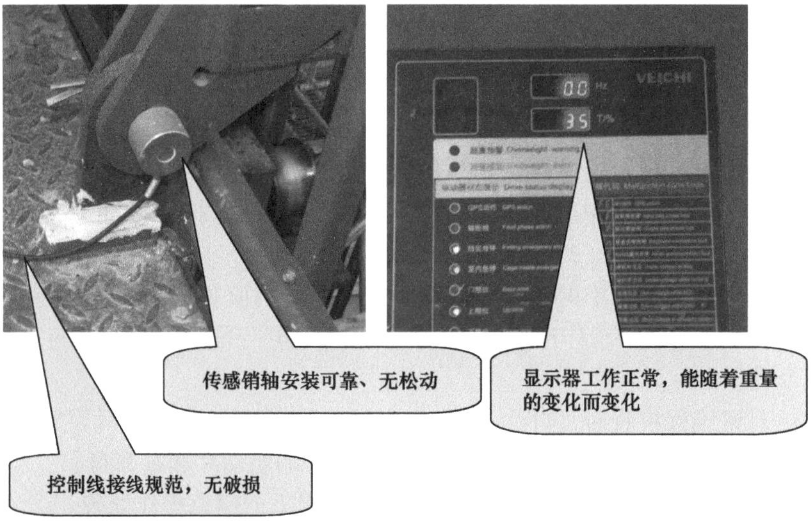

<table>
<tr><td rowspan="4">隐患图例</td><td></td><td></td></tr>
<tr><td>传感销未安装</td><td>显示器损坏</td></tr>
<tr><td>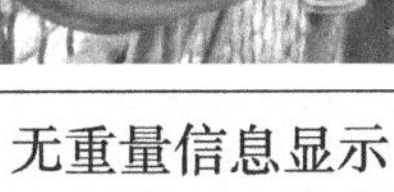</td><td></td></tr>
<tr><td>无重量信息显示</td><td>重量信息显示错误</td></tr>
<tr><td>预防措施</td><td colspan="2">1. 安装传感销时禁止暴力敲击，防止传感销损坏，并确保传感销箭头保持垂直方向。
2. 施工升降机安装好后，应对超载保护装置进行复位清零操作，避免重量数据显示不准。
3. 为避免传感销断裂，导致传动架与吊笼脱离，建议采用双销轴的结构形式</td></tr>
</table>

第4章

导轨架

4.1 整　　体

<table>
<tr><th>项目</th><th>检查要点</th><th>常见问题</th><th>失效形式</th><th>检查方法</th></tr>
<tr><td rowspan="5">检查内容</td><td rowspan="5">1. 导轨架组合(基础节、加强节、转换节、维修节、标准节、安全节)应符合使用说明书要求,不同立管壁厚的标准节应有标识。
2. 导轨架垂直度应符合下列规定:<table><tr><td>架设高度h(m)</td><td>垂直度偏差(mm)</td></tr><tr><td>≤70</td><td>≤h/1000</td></tr><tr><td>70<h≤100</td><td>≤70</td></tr><tr><td>100<h≤150</td><td>≤90</td></tr><tr><td>150<h≤200</td><td>≤110</td></tr><tr><td>>200</td><td>≤130</td></tr></table>3. 附着架的间隔距离应符合使用说明书的规定。
4. 附着架以上的导轨架自由端高度不得超过使用说明书的规定。
5. 导轨架顶部安装一节无齿条的安全节</td><td>总安装高度超过150m的施工升降机,未安装加强节</td><td>底部标准节超过承载能力,出现变形、开裂</td><td rowspan="5">检查位置:
地面或吊笼顶

检查方法:
目测,查阅说明书,经纬仪测量</td></tr>
<tr><td>垂直度超差</td><td rowspan="2">对导轨架整体受力结构带来影响,有倒塌的风险</td></tr>
<tr><td>附着架间隔距离超标</td></tr>
<tr><td>自由端悬高超标</td><td>容易造成吊笼与自由端的标准节一起坠落</td></tr>
<tr><td>顶部未安装安全节</td><td>在电气限位失效情况下,造成吊笼冲顶坠落</td></tr>
</table>

检查图例
自由端高度不能超过使用说明书规定
附墙架间隔距离应符合要求
导轨架垂直度符合要求
安装总高度超过150m或说明书规定高度的，底部应安装加强节
导轨架顶部应安装无齿条的安全节
隐患图例

自由端高度超标（附墙架上有6节）

自由端高度超标（附墙架上有7节）

<table>
<tr><td rowspan="2">隐患图例</td><td></td><td></td></tr>
<tr><td>导轨架顶部未安装无齿条的安全节</td><td>导轨架顶部未安装无齿条的安全节</td></tr>
<tr><td>预防措施</td><td colspan="2">1. 施工升降机安装时，应对底架找平后再安装导轨架；在每道附墙架安装时，均应用经纬仪对导轨架在相互垂直的方向上进行测量，控制导轨架的垂直度在允许范围内。
2. 应结合建筑物的楼层高度合理设置附着点，除使用说明书有规定外，一般每道附墙架的间隔距离不宜超过9m。
3. 最高一道附着点应设置在屋顶女儿墙或檐口处，防止因吊笼无法到达屋顶，而使导轨架自由端超高。
4. 对安装总高度超过150m或说明书规定高度的施工升降机，应在首次安装时，就在底部配置加强节，增设的加强节数 $n \geq$（总高度−150）/1.5。
5. 为防止电气防护措施失效导致吊笼冲顶事故发生，在导轨架顶部必须安装一节无齿条的安全节</td></tr>
</table>

4.2 标　准　节

项目	检查要点	常见问题	失效形式	检查方法
检查内容	1. 主要结构件应无明显塑性变形、裂纹和严重锈蚀，焊缝应无明显可见的焊接缺陷。 2. 标准节立管壁厚最大减少量为原厚度的25%时，需予以报废。 3. 标准节上的齿条连接应牢固，相邻两齿条的对接处，沿齿高方向的阶差不应大于0.3mm，沿长度方向的齿距偏差不应大于0.6mm。 4. 齿条齿厚的磨损与腐蚀量大于齿模数的18%时，应予以报废。 5. 标准节上的可追溯性唯一编码标识清晰可见。 6. 采用对重的施工升降机，其对重导轨对接处的阶差应不大于0.5mm	结构变形、开裂、局部锈蚀严重、脱焊	对导轨架整体受力结构带来影响，容易在薄弱处提前造成失效破坏，导致施工升降机无法使用	检查位置： 吊笼顶上，沿导轨架自上而下 检查方法： 目测，测厚仪、卡尺测量
		立管壁厚严重磨损		
		使用非原厂标准节、新老标准节混用		
		唯一性标识不清	标准节混用，对导轨架整体结构带来影响	
		齿条固定螺栓松动、齿条磨损、齿条存在对接阶差	加速传动齿轮与齿条的磨损	
		对重导轨存在对接阶差	对重容易脱轨，造成物体打击事故	
检查图例	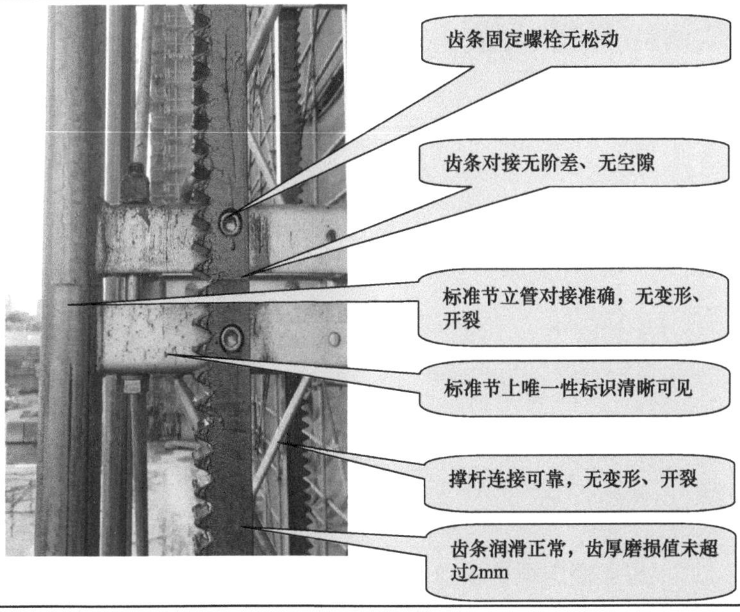 齿条固定螺栓无松动 齿条对接无阶差、无空隙 标准节立管对接准确，无变形、开裂 标准节上唯一性标识清晰可见 撑杆连接可靠，无变形、开裂 齿条润滑正常，齿厚磨损值未超过2mm			

隐患图例		

	齿条对接阶差超标	齿条对接阶差超标

	撑杆断裂	标准节立管开裂

	齿条固定螺栓松动	标准节立管对接处变形

<table>
<tr><td rowspan="2">隐患图例</td><td></td><td></td></tr>
<tr><td>齿条固定螺栓脱落</td><td>齿条松动，且采用焊接固定</td></tr>
<tr><td>预防措施</td><td colspan="2">1. 施工升降机安装前应对标准节进行检查；对有可见裂纹的构件应进行修复或更换，对有严重锈蚀、严重磨损、整体或局部变形的构件必须进行更换，符合产品标准的规定后方能进行安装。
2. 定期对标准节的立管壁厚进行抽样测量，当立管的磨损量达到原厚度的15%时，应加大该批次的抽检量，达到25%时应对该批次全数测量。
3. 应保证标准节上的唯一性标识可见，确保导轨架上的标准节组合符合使用说明书要求，禁止使用非原厂制造的及超过使用年限的标准节。
4. 标准节拼接时，齿条定位销必须安装到位，防止因定位销的缺失导致齿条松动、出现对接阶差。
5. 运输或拆装作业时防止不规范作业，避免造成标准节的结构变形</td></tr>
</table>

4.3 连接螺栓

项目	检查要点	常见问题	失效形式	检查方法
检查内容	1. 标准节各连接螺栓齐全、无松动,应有防松措施,螺杆应高出螺母顶平面。 2. 连接螺栓的安装应符合使用说明书的要求,各连接螺栓的安装方向应一致。 3. 连接螺栓规格一致,强度等级符合要求,未使用代用品	螺栓缺失	连接失效,导轨架断裂后,吊笼坠落	检查位置: 吊笼顶上,沿导轨架自下而上 检查方法: 目测,试拧
		螺栓松动、断裂、锈蚀	连接强度不足,螺栓断裂后导轨架倒塌	
		螺栓采用代用品		
		螺栓长度不够	无法及时发现螺栓出现松动现象	
检查图例	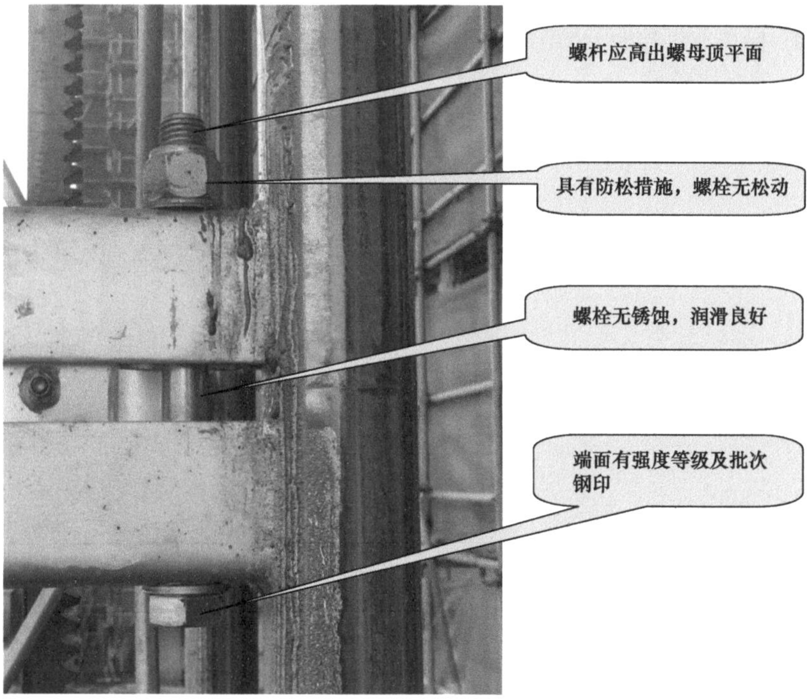 螺杆应高出螺母顶平面 具有防松措施，螺栓无松动 螺栓无锈蚀，润滑良好 端面有强度等级及批次钢印			

<table>
<tr><td rowspan="4">隐患图例</td><td></td><td></td></tr>
<tr><td>两枚连接螺栓漏装</td><td>连接螺栓未安装</td></tr>
<tr><td></td><td></td></tr>
<tr><td>连接螺栓防松螺母未拧紧</td><td>连接螺栓未采用双螺母防松,且无平垫片</td></tr>
</table>

<table>
<tr><td rowspan="4">隐患图例</td><td></td><td></td></tr>
<tr><td>紧固螺母脱落</td><td>连接螺栓防松螺母未拧紧</td></tr>
<tr><td></td><td></td></tr>
<tr><td>连接螺栓松动，且防松螺母脱落</td><td>连接螺栓紧固螺母松脱</td></tr>
</table>

<table>
<tr><td rowspan="2">隐患图例</td><td></td><td></td></tr>
<tr><td>连接螺栓采用代用品</td><td>顶端安全节严重锈蚀，且连接螺栓缺失</td></tr>
<tr><td>预防措施</td><td colspan="2">1. 标识及更换的连接螺栓副应符合《紧固件机械性能　螺栓、螺钉和螺柱》GB/T 3098.1 和《紧固件机械性能　螺母》GB/T 3098.2 的规定，并应有性能等级符号标识和合格证书；连接螺栓等级不得低于 8.8 级，不得使用不合格的连接螺栓。
2. 连接螺栓宜采用双螺母(或专用防松螺母)的防松方式；建议采用双平垫，以避免标准节孔洞变形导致连接失效。
3. 定期检查标准节的连接螺栓，检查时，检查人员应站于吊笼顶，自下而上逐节检查。
4. 每次顶升加节结束后，需安排专人对顶升加节段的标准节连接螺栓检查无缺失、松动后，方可恢复施工升降机正常使用。
5. 做好堆场内成串标准节的连接螺栓检查，防止存在松动、缺失的成串标准节出场安装</td></tr>
</table>

4.4 上、下限位及极限开关挡板

<table>
<tr><th>项目</th><th>检查要点</th><th>常见问题</th><th>失效形式</th><th>检查方法</th></tr>
<tr><td rowspan="3">检查内容</td><td rowspan="3">1. 上、下限位及极限开关挡板固定可靠，无松动。
2. 上限位开关的安装位置：当额定提升速度小于 0.8m/s 时，挡板触发该开关后，上部安全距离不应小于 1.8m，当额定提升速度大于或等于 0.8m/s 时，挡板触发该开关后，上部安全距离应满足下式的要求：$L=1.8+0.1v^2$。
3. 下限位开关的安装位置：吊笼在额定荷载下降时，挡板触发下限开关使吊笼制停，此时挡板离触发下极限开关还应有 0.15m 的越程距离。
4. 上极限开关的安装位置应保证上极限开关与上限位开关之间的越程距离为 0.15m。
5. 下极限开关的安装位置应保证吊笼在碰到缓冲器之前下极限开关先动作。
6. 上、下限位及极限开关的推杆应位于挡板的居中位置。
7. 变频施工升降机还需安装减速挡板</td><td>限位未装、安全距离不足</td><td>限位不能正常动作，吊笼不能正常减速、停止，严重时发生冲顶或撞击底部事故</td><td rowspan="3">检查位置：
吊笼顶上、吊笼内

检查方法：
目测、操作吊笼测试，卷尺测量</td></tr>
<tr><td>挡板松动</td><td rowspan="2">挡板或推杆出现位移后，使限位不能正常动作，吊笼不能正常减速、停止，导致事故发生</td></tr>
<tr><td>限位挡板安装位置居于推杆一侧</td></tr>
</table>

检查图例	 各挡板位置准确，固定可靠，无松动 限位挡板与极限开关挡板应保证0.15m以上越程距离 变频施工升降机应安装减速挡板 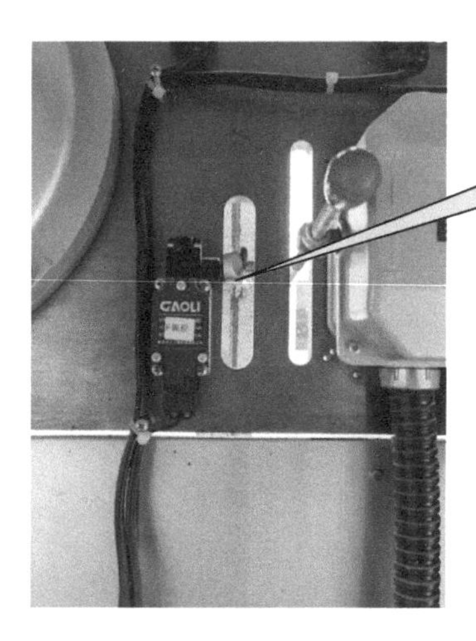 GAOLI 限位开关的推杆应位于挡板的居中位置

<table>
<tr><td rowspan="2">隐患图例</td><td></td><td></td></tr>
<tr><td>未安装极限开关挡板</td><td>上部安全距离不足</td></tr>
<tr><td>预防措施</td><td colspan="2">1. 应将吊笼底板与外笼门槛水平，确定下限位挡板和极限开关挡板的安装位置。
2. 将吊笼升高（传动机构顶端）至距顶端一节半标准节位置处，确定上限位挡板和极限开关挡板的安装位置。
3. 应先安装上、下限位挡板，调试好后再安装极限开关挡板，以确保两者之间0.15m的越程距离。
4. 每次顶升加节时，建议将自由端导轨架先拆除，加节完成后再安装，确保上限位及极限挡板位置不会发生变化。
5. 挡板安装位置不应以触发上、下限位开关来作为吊笼在最高层和地面停层的操作，避免频繁触碰后导致限位开关失效或挡板出现位移。
6. 操作吊笼，分开测试上、下限位和极限开关，确认挡板安装位置是否准确</td></tr>
</table>

4.5 附墙架

项目	检查要点	常见问题	失效形式	检查方法
检查内容	1. 附墙架应采用原制造商的配套标准产品,当采用非标准附墙架时,应有专项施工方案并经审批。 2. 附墙架各连接件应无缺失、无松动。 3. 附墙架的最大水平倾角不得大于±8°。 4. 附墙架杆件不得与脚手架相连,脚手架上的钢管不得搭设在附墙架上。 5. 附墙座应与建筑物可靠固定,无松动。 6. 附墙架附着点处的建筑结构承载力应满足施工升降机使用说明书的要求	附墙架连接不符合标准要求,无专项施工方案 连接件缺失、松动 附墙架水平倾角过大 脚手架钢管搁置在附墙架上 附墙座连接松动	导轨架失去附墙架的支撑后,导致导轨架出现变形、扭转、垂直度超差等,使吊笼无法运行	检查位置:吊笼顶上 检查方法:目测、试拧,查阅资料
检查图例	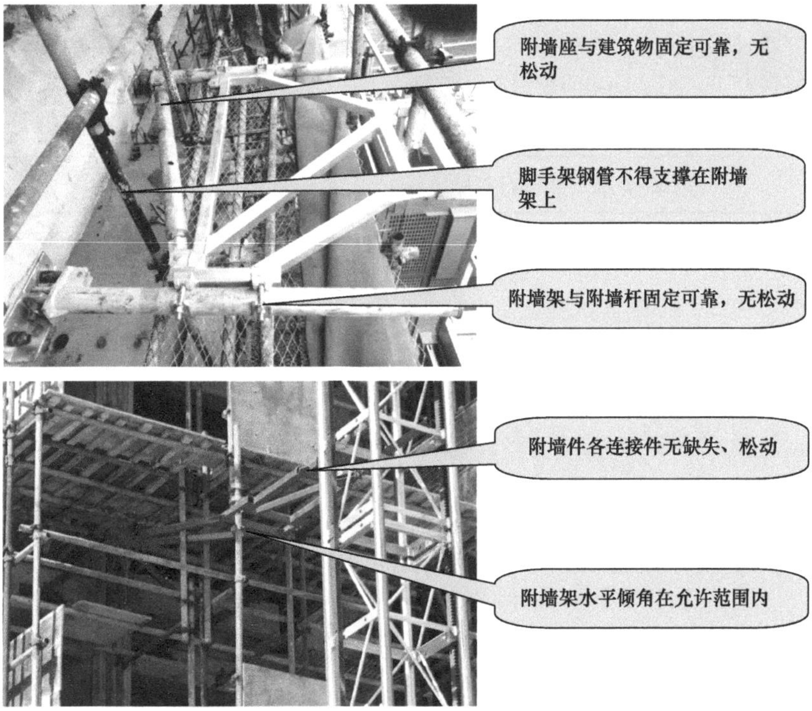 附墙座与建筑物固定可靠,无松动 脚手架钢管不得支撑在附墙架上 附墙架与附墙杆固定可靠,无松动 附墙件各连接件无缺失、松动 附墙架水平倾角在允许范围内			

隐患图例		
	附墙杆销轴开口销缺失	附墙杆支座螺栓未拧紧
	附墙架水平倾角过大	附墙架水平倾角过大
	非标附墙未制定专项方案	非标附墙未制定专项方案

<table>
<tr><td rowspan="6">隐患图例</td><td></td><td></td></tr>
<tr><td>脚手架钢管支撑在附墙架上</td><td>附墙杆连接杆紧固螺母未拧紧</td></tr>
<tr><td></td><td></td></tr>
<tr><td>连接销轴缺失</td><td>连接销轴缺失</td></tr>
<tr><td></td><td></td></tr>
<tr><td>附墙杆斜支撑未安装</td><td>附墙支座固定螺栓缺失</td></tr>
</table>

预防措施	1. 附墙架应按使用说明书要求安装设置,当建筑物的立面出现异形结构,需要采用非标附墙方式时,应编制专项施工方案,并有计算书。 2. 合理布置附着点,当附墙架的水平倾角过大时,应重新布置附着点、加设混凝土墙或钢牛腿等措施保证倾角符合要求。 3. 施工升降机加节结束后,应安排专人检查各连接件,确保无松动、漏装情况。 4. 附墙架安装时,附墙座固定处的混凝土强度应达到要求,不宜采用植筋作为附墙座的固定方式

4.6 电缆防护架

项目	检查要点	常见问题	失效形式	检查方法
检查内容	1. 电缆防护架固定可靠无松动。 2. 电缆线应位于防护架的中心位置。 3. 电缆导向架安装间隔满足说明书要求	防护架未装或少装	电缆容易被风吹动，挂到旁边脚手架上，导致电缆被拉断	检查位置：吊笼顶上 检查方法：目测
		导向架被撞变形、橡胶块脱落	防护架不起作用，容易钩住电缆	
检查图例	电缆线位于防护架的中心位置 防护架与脚手架固定牢固 相邻两个防护架间隔满足要求			

<table>
<tr><td rowspan="4">隐患图例</td><td>
</td><td></td></tr>
<tr><td>防护架被电缆钩住后弯曲变形</td><td>防护架未固定牢固而出现偏移</td></tr>
<tr><td></td><td></td></tr>
<tr><td>未安装电缆防护架</td><td>未安装电缆防护架</td></tr>
</table>

<table>
<tr><td rowspan="2">隐患图例</td><td></td><td></td></tr>
<tr><td>电缆挑架简易设置，且用扣件固定电缆</td><td>未安装电缆防护架</td></tr>
<tr><td>预防措施</td><td colspan="2">1. 应按照使用说明书要求安装电缆防护架，确保位置准确，在最下面一道附墙架以下宜加密，以防止电缆线脱出电缆筒。
2. 在导轨架的加高作业过程中，必须同时安装电缆防护架，且每个电缆防护架的间隔距离不宜超过6m。
3. 电缆防护架固定在脚手架时，应采用双扣件固定，单扣件固定容易松动。
4. 当施工升降机高度较低时，建议将电缆线设置在吊笼的外侧，可有效避免由于大风及防护架的缺陷导致电缆线损坏。
5. 在日常使用中，司机须做好检查，及时处理失效的防护架，防止电缆损坏。
6. 当施工升降机安装高度超过100m时，建议采用滑触线代替电缆线</td></tr>
</table>

4.7 对重系统

<table>
<tr><th>项目</th><th>检查要点</th><th>常见问题</th><th>失效形式</th><th>检查方法</th></tr>
<tr><td rowspan="4">检查内容</td><td rowspan="4">1. 对重导向装置应完好，对重块应涂成警告色。
2. 对重轨道应平直，接缝应平整，错位阶差不应大于0.5mm。
3. 对重天轮转动灵活，钢丝绳防跳槽装置完好。
4. 对重钢丝绳数不得少于两根且相互独立，钢丝绳磨损、变形、锈蚀应在规范允许范围内，端部固定符合要求。
5. 对重钢丝绳应安装防松绳装置，并应灵敏、可靠</td><td>导向装置磨损、滚轮轴承损坏</td><td>容易造成对重块脱轨，导致导轨架或吊笼受到撞击而报废</td><td rowspan="4">检查位置：吊笼顶上，沿导轨架自上而下

检查方法：目测</td></tr>
<tr><td>轨道变形、接缝处错位</td><td rowspan="2">钢丝绳断裂或脱落后，对重块失控下坠</td></tr>
<tr><td>钢丝绳断丝、断股、端部固定绳夹间距过小、固定错误</td></tr>
<tr><td>防松绳装置失效</td><td>对重块意外卡住后，吊笼无法及时制动，导致导轨架严重受损</td></tr>
<tr><td>检查图例</td><td colspan="4"> 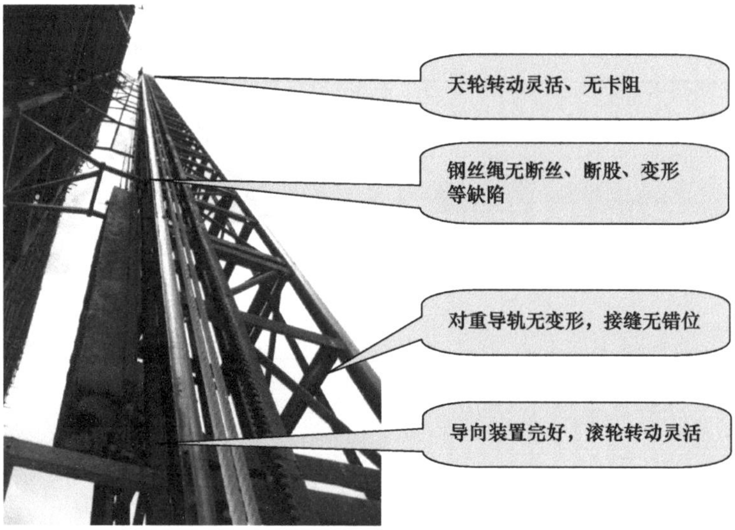天轮转动灵活、无卡阻
钢丝绳无断丝、断股、变形等缺陷
对重导轨无变形，接缝无错位
导向装置完好，滚轮转动灵活</td></tr>
</table>

<table>
<tr><td>检查图例</td><td colspan="2">
</td></tr>
<tr><td rowspan="4">隐患图例</td><td>
</td><td></td></tr>
<tr><td>防松绳装置失效(挡板不起作用)</td><td>防松绳装置用钢丝固定</td></tr>
<tr><td></td><td></td></tr>
<tr><td>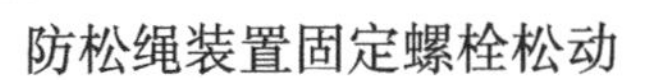防松绳装置固定螺栓松动</td><td>对重滚轮损坏后采用代用品</td></tr>
</table>

预防措施	1. 由于采用对重系统的施工升降机，存在较多安全隐患，而且在加节作业过程中操作繁琐，应减少此类型施工升降机的使用。 2. 标准节在装卸运输过程中，容易使对重导轨出现局部变形，导致导轨出现接缝阶差而使对重块出轨，因此对于采用L 40×4 的角钢作为导轨的标准节特别加强运输中保护和安装使用时检查。 3. 为防止滚轮轴承损坏后，对重块出轨，慎用单滚轮装置的对重块，应使用前导向+双滚轮的对重块。 4. 加强防松绳装置的日常检查，确保装置灵敏、可靠。 5. 加强司机的安全教育，司机每日检查对重在轨运行情况。运行过程中如发现对重有磕碰现象时，应立即停机维修

第5章 层门及平台

5.1 层　门

<table>
<tr><th>项目</th><th>检查要点</th><th>常见问题</th><th>失效形式</th><th>检查方法</th></tr>
<tr><td rowspan="4">检查内容</td><td rowspan="4">1. 各停层处应设置层门，层门不应突出到吊笼的升降通道上，层门必须朝平台内侧开启，并有防止外开的措施。
2. 施工升降机层门的开、关过程应由吊笼内乘员操作，楼层内人员无法开启，插销应设置在靠施工升降机一侧。
3. 层门关闭时，除门下部间隙应不大于35mm外，任一门与相邻运动件的间距有关的任何通孔和开口的尺寸及门周围的间隙或零件间的间隙，应符合规定。
4. 层门应处于常闭状态。
5. 各停层处应设置楼层信号联络装置，并清晰、有效</td><td>层门无防外开的措施</td><td>层门外开，导致与运行的吊笼相碰撞</td><td rowspan="4">检查位置：楼层内

检查方法：目测，手动测试、卷尺测量</td></tr>
<tr><td>插销未设置、层门未关闭</td><td>层门开口过大，容易导致作业人员高处坠落</td></tr>
<tr><td>层门与平台之间间隙过大</td><td rowspan="2">间隙过大，楼层内人员观察吊笼位置时，导致发生机械伤害事故</td></tr>
<tr><td>楼层呼叫装置未设置或信号不清晰</td></tr>
</table>

<table>
<tr><td rowspan="1">检查图例</td><td colspan="2">
</td></tr>
<tr><td rowspan="2">隐患图例</td><td></td><td></td></tr>
<tr><td>加节作业后，上部层门未及时设置</td><td>层门未设置</td></tr>
</table>

<table>
<tr><td rowspan="4">隐患图例</td><td></td><td></td></tr>
<tr><td>层门缺失</td><td>层门未设置</td></tr>
<tr><td></td><td></td></tr>
<tr><td>层门插销孔未开,层门可自由开启</td><td>底部间隙过大,物料容易掉落</td></tr>
<tr><td>预防措施</td><td colspan="2">1. 层门应采取工具化、定型化,宜采用实板+观察窗的结构。
2. 为防止楼层内作业人员身体任何部位进入吊笼运行空间,层门开口的净高度应不小于2.0m,净宽度与吊笼门出口宽度之差不得大于120mm,吊笼门与层门间的水平距离不应大于200mm;特殊情况下,当进入建筑物的入口高度小于2.0m时,可降低层门框架高度,但净高度不应小于1.8m。
3. 做好施工升降机司机的安全交底,在楼层的层门关闭后方可启动吊笼,并随时检查各层门是否有开启现象。
4. 建议采用带自锁功能的插销,可有效避免层门意外开启的现象</td></tr>
</table>

5.2 楼层平台

项目	检查要点	常见问题	失效形式	检查方法
检查内容	1. 楼层平台搭设应牢固可靠，应与脚手架分开，独立设置，并满足稳定性要求。保证人员无坠落风险。 2. 楼层平台不应与施工升降机的附墙架相连接。 3. 楼层平台侧面防护装置与吊笼或层门之间任何开口的间距不应大于150mm。 4. 吊笼门框外缘与登机平台边缘之间的水平距离不应大于50mm。 5. 平台进入楼层的通道存在坡度的，应有防滑措施	与架体相连、搭设简单	使用过程中平台会存在坍塌的风险	检查位置： 楼层内 检查方法： 目测，手动测试，卷尺测量
		钢管与附墙架干涉、平台钢管搁置在附墙架上	附墙架干涉会导致平台钢管被拆除，平台搁置在附墙架上会导致施工升降机结构件变形，导轨架弯曲	
		平台与吊笼之间存在较大空隙	空隙过大，存在楼层内人员高处坠落的风险	
		运送物料小车出现冲破现象	小车靠人力无法控制时，就会出现撞击事故	
检查图例	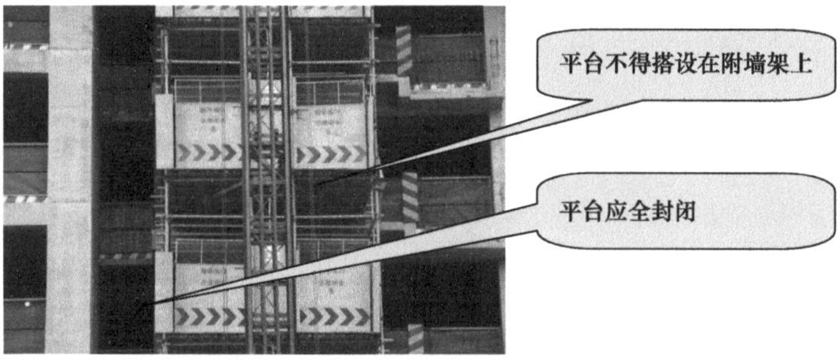 平台不得搭设在附墙架上 平台应全封闭  平台及架体应与脚手架分开，独立设置 通道应具有防滑措施			

<table>
<tr><td rowspan="4">隐患图例</td><td></td><td></td></tr>
<tr><td>屋面层的平台及层门均未设置</td><td>平台与吊笼间隙过大</td></tr>
<tr><td></td><td></td></tr>
<tr><td>平台与吊笼水平距离过大</td><td>平台与吊笼间隙过大</td></tr>
<tr><td>预防措施</td><td colspan="2">1. 卸料平台施工前应编制专项施工方案，应根据国家有关规范标准、工程结构形式、荷载大小、施工设备和材料等条件进行编制。
2. 卸料平台搭设应做到独立设置，稳定性、层高、两侧防护栏板、平台板厚和防滑钢板满足要求。
3. 卸料平台进入楼内地面交界处出现高低差时，应用脚手板铺设坡道，坡度不应超过 15°，脚手板必须绑扎牢固，并在坡道面钉防滑条，间距不大于 300mm。
4. 卸料平台搭设完毕后，必须进行验收及定期检查；随着建筑物的升高，新增楼层的卸料平台搭设完毕后，也必须经过验收才能投入使用。
5. 卸料平台应保持干净，特别是卸料平台带斜度的，表面不得有砂尘积累，须有专人打扫。
6. 平台尽量与结构面平齐，平台板宜采用不小于 50mm 厚木脚手板，铺设严密；沿吊笼运行一侧不允许有局部探头板的现象；平台两侧应用密目式安全立网或实木板封闭</td></tr>
</table>

第6章 作业环境

6.1 运行空间

项目	检查要点	常见问题	失效形式	检查方法
检查内容	1. 施工升降机吊笼最外侧边缘与外面架空输电线路的边线之间,应保持安全操作距离。 2. 吊笼运行空间无阻挡,除所登楼层外,吊笼内侧与建筑物、脚手架的间距应大于100mm。 3. 吊笼与相邻施工中吊篮平台安全距离大于1000mm。 4. 脚手架外伸钢管与电缆线的距离应不小于1000mm	与架空输电线的安全距离不足	容易导致吊笼内人员发生触电事故	检查位置: 地面及吊笼顶 检查方法: 目测,手动测试、卷尺测量
		与建筑物、脚手架或运行中吊篮平台发生干涉	导致吊笼发生碰撞而变形,严重时吊笼报废,吊篮坠落	
		电缆线钩住钢管	电缆线断裂	

<table>
<tr><td>检查图例</td><td colspan="2">梯笼运行范围内无障碍物
脚手架外伸钢管与电缆线保持1000mm以上距离</td></tr>
<tr><td rowspan="2">隐患图例</td><td></td><td></td></tr>
<tr><td>预留钢筋干涉吊笼</td><td>吊笼与建筑物顶板干涉</td></tr>
<tr><td>预防措施</td><td colspan="2">1. 施工升降机布局时，应充分考虑周围环境及建筑物的立面结构，确保吊笼运行的安全。
2. 外脚手架搭设应严格按图施工，吊笼运行空间范围内减少钢管伸出量；预留足够的吊笼运行空间。
3. 关注后续吊篮安装后悬挂平台与施工升降机吊笼的安全距离</td></tr>
</table>

6.2 物料运输

项目	检查要点	常见问题	失效形式	检查方法
检查内容	1. 施工现场坐式电动三轮车不得进入吊笼。 2. 吊笼内不得装载过长物料	进入吊笼后未切断电源	电动车意外启动后，冲撞吊笼门，导致坠落	检查位置：地面及吊笼顶 检查方法：目测
		停层时吊笼底板与平台存在台阶	电动车进出时冲撞吊笼或楼层平台，导致结构变形	
		装载过长物料	导致物料与脚手架相碰撞，使吊笼结构变形	
检查图例	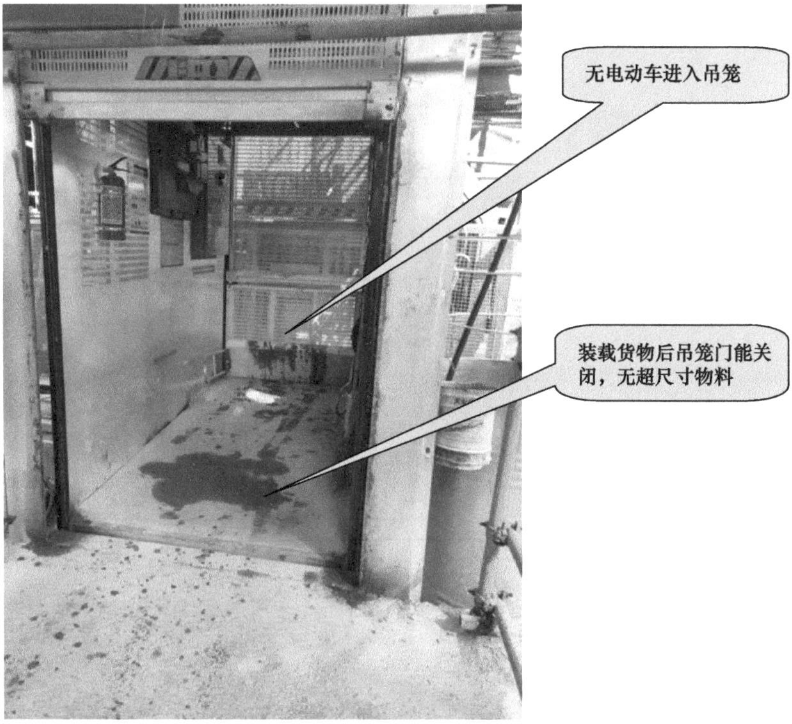 无电动车进入吊笼 装载货物后吊笼门能关闭，无超尺寸物料			

<table>
<tr><td rowspan="4">隐患图例</td><td></td><td></td></tr>
<tr><td>电动三轮车冲出梯笼</td><td>电动三轮车进入梯笼</td></tr>
<tr><td></td><td></td></tr>
<tr><td>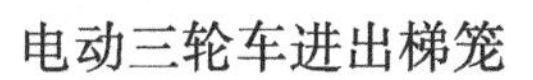电动三轮车进出梯笼</td><td>电动三轮车进入吊笼内且未切断电源</td></tr>
</table>

隐患图例		
	装载钢管过长	装载钢管过长
预防措施	1. 严禁电动三轮车进入吊笼内。 2. 为防止出现台阶，每次停层，吊笼底板均应与楼层平台平齐	

第2篇　物料提升机

第 7 章

基础与围护

7.1 基 础

<table>
<tr><th>项目</th><th>检查要点</th><th>常见问题</th><th>失效形式</th><th>检查方法</th></tr>
<tr><td rowspan="5">检查内容</td><td rowspan="5">1. 基础面应平整,应满足使用说明书或专项施工方案的要求。
2. 基础及周围应有排水设施,不得积水及堆积杂物。
3. 底架主要结构件应无明显塑性变形和严重锈蚀。
4. 底架与基础固定可靠、无松动;固定螺杆规格及材质符合使用说明书要求。
5. 吊笼底部应设置缓冲器</td><td>未做承台、直接放置在地面上</td><td>使用过程中,底部出现不均匀沉降,导致架体垂直度超差及变形</td><td rowspan="5">检查位置:
地面

检查方法:
查阅资料,目测,手拧测试</td></tr>
<tr><td>基础积水、堆积杂物过多</td><td>排水不畅,导致钢结构腐蚀,承载能力下降;杂物过多,易对吊笼底部产生撞击</td></tr>
<tr><td>底架变形、严重锈蚀</td><td rowspan="2">底部固定强度不足,架体存在倾覆的风险</td></tr>
<tr><td>固定螺杆松动、无螺杆或采用钢筋代替</td></tr>
<tr><td>未设置缓冲器</td><td>吊笼底部与基础缺少缓冲,易变形</td></tr>
</table>

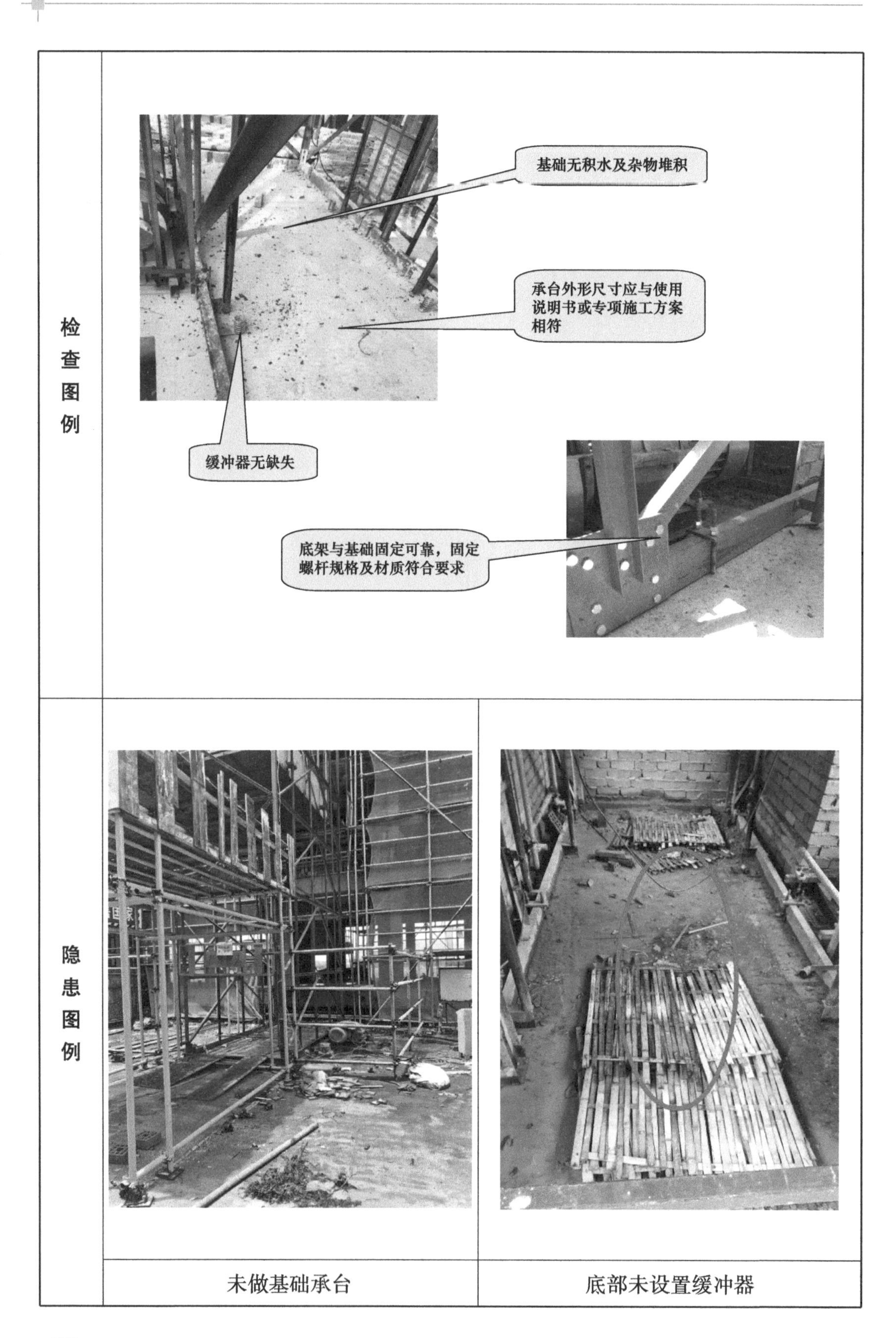
检查图例
基础无积水及杂物堆积
承台外形尺寸应与使用说明书或专项施工方案相符
缓冲器无缺失
底架与基础固定可靠，固定螺杆规格及材质符合要求
隐患图例
未做基础承台
底部未设置缓冲器

隐患图例		

	底架未固定	底架未固定

	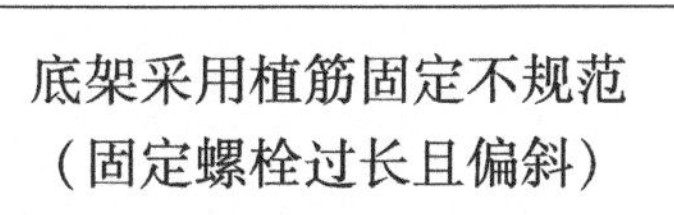底架采用植筋固定不规范 （固定螺栓过长且偏斜）	底架固定不规范

<table>
<tr><td rowspan="4">隐患图例</td><td></td><td></td></tr>
<tr><td>底架未固定</td><td>底架固定无防松措施，螺母松动</td></tr>
<tr><td></td><td></td></tr>
<tr><td>未做基础</td><td>基础积水，预埋螺栓未设置，导轨架用钢筋固定、卷扬机用钢管扣件固定</td></tr>
<tr><td>预防措施</td><td colspan="2">1. 基础应有专项施工方案，当基础设置在地下室顶板上时，还应对其支承结构进行承载力验算，并有设计计算书和施工图。
2. 物料提升机安装前应对底架进行检查。对有严重锈蚀、整体或局部变形的构件必须进行更换，符合产品标准规定后方能进行安装。
3. 基础预埋螺杆放置时，应对安装尺寸进行校核，防止因定位尺寸偏差，导致底架无法固定后，采用钢筋焊接等不规范操作。
4. 当基础固定螺杆采用植筋形式时，应提前进行并进行抗拔力测试，在达到承载要求后方可进行物料提升机的安装。
5. 禁止在底架未固定的情况下，就进行上部架体的安装。
6. 使用过程中，应及时清理基础上的积水及杂物；当不能自然排水时，应有排水设施</td></tr>
</table>

7.2 地面围护

项目	检查要点	常见问题	失效形式	检查方法
检查内容	1. 架体底部应设高度不小于1.8m的防护围栏以及围栏门,并应完好无损。 2. 围栏门无变形,开启顺畅,钢丝绳无损伤。 3. 围栏门应装有电气连锁开关,吊笼应在围栏门关闭后方可启动。 4. 进料口防护棚长度不应小于3m,宽度应大于吊笼宽度,两端各长出1m,垂直长度2m。 5. 防护棚顶部强度应符合规范要求,棚顶搭设二层(采用脚手片的,铺设方向应互相垂直),间距大于30cm	围栏高度不足1.8m,围栏破损	围栏高度不足或破损会使人或物容易进入架体内,出现物体碰撞或机械伤害事故	检查位置:地面 检查方法:目测,手动测试
		围栏门变形、启闭困难 电气连锁开关失效	导致围栏门未关闭,吊笼运行过程中人员误入内部,造成人身伤害	
		防护棚未搭设或搭设简单,不规范	防护棚不能起到安全防护作用,高空坠物时,易对进出吊笼的人员造成伤害	
检查图例	棚顶应设置双层防护 防护棚的覆盖范围应大于上方施工可能坠落物体的影响范围 围栏门开启灵活、无卡阻,电气连锁开关灵敏可靠 防护围栏无破损,人与物不存在与吊笼、对重相碰撞的风险			

<table>
<tr><td rowspan="4">隐患图例</td><td></td><td></td></tr>
<tr><td>未设置围护</td><td>防护围栏不符合要求(未封闭)</td></tr>
<tr><td></td><td></td></tr>
<tr><td>围护搭设高度不足</td><td>围栏门未关闭情况下吊笼运行</td></tr>
</table>

隐患图例		

	围栏门未关闭情况下吊笼运行，且底层未设置层门	底层未设置层门，且架体杆件被拆除

	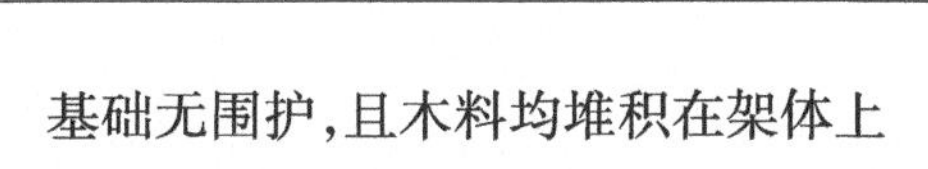基础无围护，且木料均堆积在架体上	基础无围护，且作业工人在对重导轨下通行

<table>
<tr><td rowspan="2">隐患图例</td><td></td><td></td></tr>
<tr><td>防护棚无顶部防护措施</td><td>未搭设防护棚</td></tr>
<tr><td>预防措施</td><td colspan="2">1. 安拆和运输过程中,应做好围栏门的保护措施,并应及时修补或更换损坏的围栏门,防止因围栏门开启困难,导致电气连锁装置失效,吊笼在未封闭状态下运行。
2. 防护围栏可采用砌体或钢制网板,当采用定型化的钢制网板时,网板孔洞尺寸不宜过大,防止人体部位或物通过孔洞与吊笼、对重发生碰撞。
3. 做好现场作业人员的安全交底,进出物料提升机应走专用的通道,不得在防护棚下长时间停留。
4. 防护棚宜定型化制作,采用型钢和钢板搭设或者采用双层木制板搭设,并应能承受高空坠物的冲击</td></tr>
</table>

第8章 架体结构

8.1 架　　体

<table>
<tr><th>项目</th><th>检查要点</th><th>常见问题</th><th>失效形式</th><th>检查方法</th></tr>
<tr><td rowspan="7">检查内容</td><td rowspan="7">1. 主要结构件应无明显变形、严重锈蚀，焊缝应无明显可见裂纹。
2. 结构件安装应符合使用说明书及专项施工方案的要求，各连接螺栓应齐全、紧固，并有防松措施，螺栓露出螺母端部的长度不应少于3倍螺距。
3. 架体垂直度偏差不应大于架体高度的1.5/1000。
4. 架体在各楼层通道的开口处，应有加强措施。
5. 吊笼导轨结合面错位阶差不应大于1.5mm，对重导轨、防坠安全器导轨结合面错位阶差不应大于0.5mm。
6. 天梁与架体固定可靠，且架体上有加强措施，无结构变形、开裂。
7. 天梁上滑轮转动灵活，润滑良好，钢丝绳缠绕正常、未跳槽</td><td>杆件变形、缺失、锈蚀</td><td rowspan="4">架体整体结构刚性下降，有倒塌风险</td><td rowspan="7">检查位置：
地面、楼层平台处

检查方法：
查阅资料，目测，手拧，经纬仪测量</td></tr>
<tr><td>螺栓松动、无防松措施、缺失或采用代用品</td></tr>
<tr><td>垂直度超差</td></tr>
<tr><td>开口处杆件被拆除后未采取加强措施</td></tr>
<tr><td>导轨结合面存在阶差或松脱</td><td>吊轮及对重在运行过程中，容易脱轨，导致架体结构受损</td></tr>
<tr><td>天梁支承处未采取加强措施</td><td>架体杆件容易出现变形，无法使用</td></tr>
<tr><td>滑轮卡阻、钢丝绳跳槽</td><td>导致滑轮磨损、钢丝绳断裂，吊笼无法使用</td></tr>
</table>

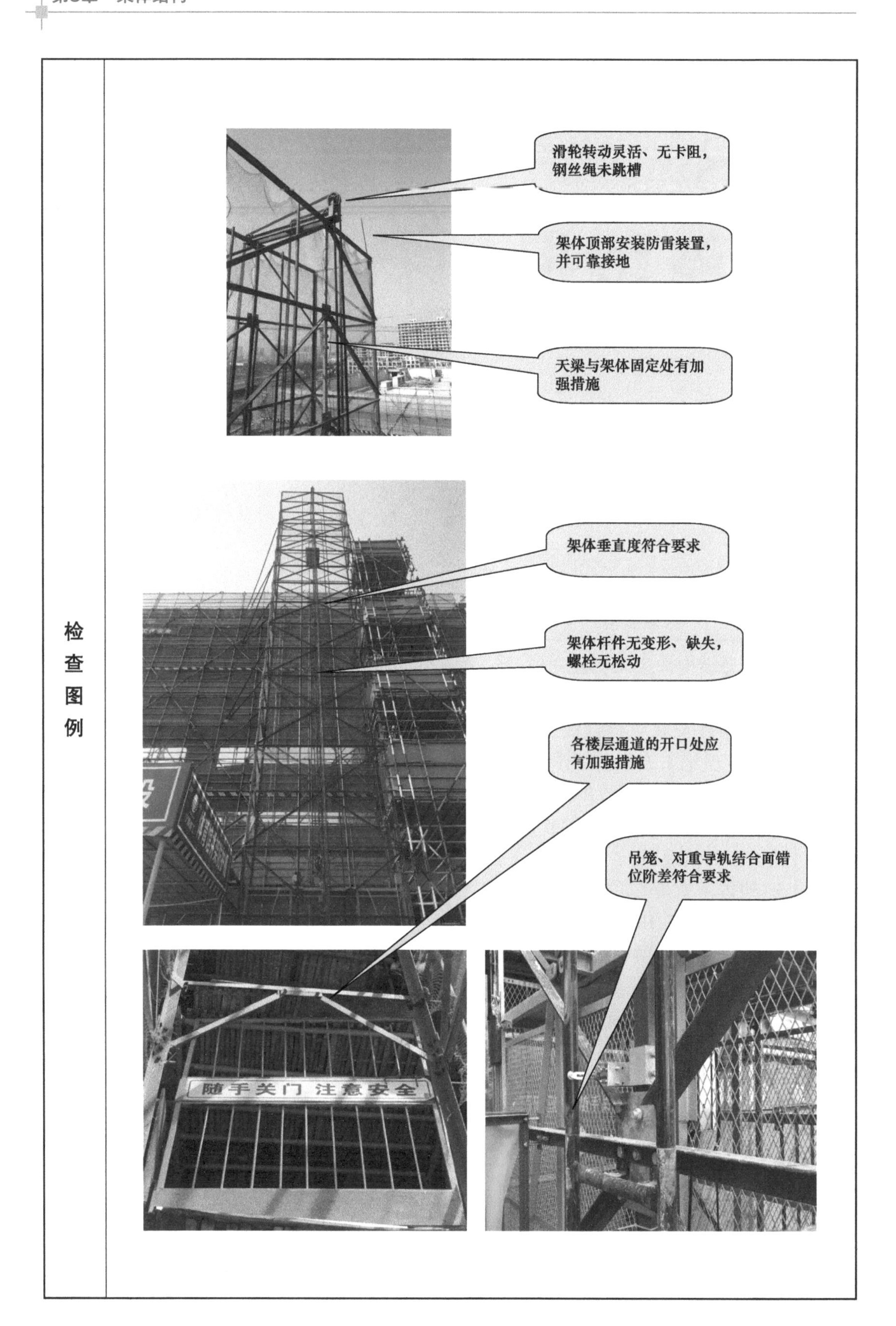
检查图例
滑轮转动灵活、无卡阻，钢丝绳未跳槽
架体顶部安装防雷装置，并可靠接地
天梁与架体固定处有加强措施
架体垂直度符合要求
架体杆件无变形、缺失，螺栓无松动
各楼层通道的开口处应有加强措施
吊笼、对重导轨结合面错位阶差符合要求
随手关门 注意安全

隐患图例		

	楼层通道处架体未设置八字撑加固，且层门未关闭	楼层通道处架体加固的八字撑被拆除

	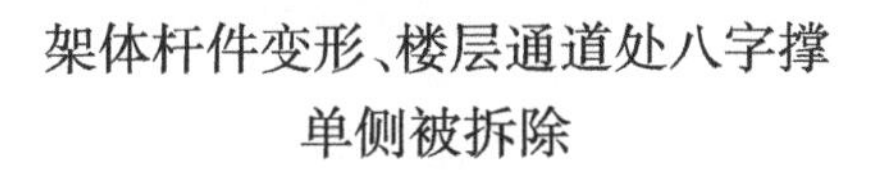 架体杆件变形、楼层通道处八字撑单侧被拆除	杆件固定螺栓缺失

<table>
<tr><td rowspan="6">
隐患图例</td><td></td><td></td></tr>
<tr><td>固定螺栓断裂</td><td>固定螺栓失效(螺母缺失)</td></tr>
<tr><td></td><td></td></tr>
<tr><td>杆件弯曲变形</td><td>杆件弯曲变形</td></tr>
<tr><td></td><td></td></tr>
<tr><td>架体杆件变形、部分斜撑被拆除</td><td>架体与脚手架相连接</td></tr>
</table>

<table>
<tr><td rowspan="4">隐患图例</td><td></td><td></td></tr>
<tr><td>架体与脚手架相连接</td><td>架体上部设置照明设施，存在掉落风险</td></tr>
<tr><td></td><td></td></tr>
<tr><td>架体与脚手架相连接</td><td>导轨错位</td></tr>
<tr><td>预防措施</td><td colspan="2">1. 物料提升机安装时，应对底架找平后再安装架体；在每道附着（或缆风绳）安装时，均应用经纬仪对架体在相互垂直的方向上进行测量，控制架体的垂直度在允许范围内。
2. 结构件的连接螺栓须做好防松措施，不得采用非标准件代替；使用过程中，应定期检查连接螺栓紧固。
3. 在架体搭设时，对待建楼层开口处应提前预留，防止物料运输时杆件被拆除，又未能及时补强，导致架体变形。
4. 物料装载时，不得超出吊笼长度范围，避免架体的杆件被碰撞变形。</td></tr>
</table>

预防措施	5. 为减少极端天气情况下,对已挂设安全防护网的架体受风载的影响而变形,建议使用全封闭结构的吊笼,架体不需要另行挂设安全防护网。 6. 吊笼、对重导轨安装前应检查,已锈蚀、变形的杆件不得安装;安装时注意结合面的错位阶差符合要求;安装完毕后应及时涂油润滑。 7. 定期做好天梁滑轮的检查保养,确保滑轮转动灵活、润滑良好,如轮槽出现不均匀磨损时,应及时更换

8.2 附着装置

<table>
<tr><th>项目</th><th>检查要点</th><th>常见问题</th><th>失效形式</th><th>检查方法</th></tr>
<tr><td rowspan="4">检查内容</td><td rowspan="4">1. 物料提升机设置附着装置时，附着装置的材质应与架体一致，当架体高度超过30m时，必须采用附着装置。
2. 采用附着装置时，架体的自由端高度和附着装置间距均不应大于6m及使用说明书的规定值。
3. 附着装置与架体及建筑结构应采用刚性连接，不得与脚手架连接。
4. 附着杆与墙体连接应采用预埋件或用穿墙螺栓固定</td><td>附着杆采用脚手架钢管、附着杆用扣件搭接</td><td rowspan="2">附着装置存在隐患，承载能力不足，架体有变形、倒塌的风险</td><td rowspan="4">检查位置：地面、楼层附着处

检查方法：查阅资料，目测</td></tr>
<tr><td>自由端高度、附着间距过大</td></tr>
<tr><td>附着杆与脚手架相连</td><td rowspan="2">附着杆固定失效，使用过程中架体有倒塌风险</td></tr>
<tr><td>采用铁膨胀螺栓固定，与梁钢筋焊接固定</td></tr>
<tr><td>检查图例</td><td colspan="4"> 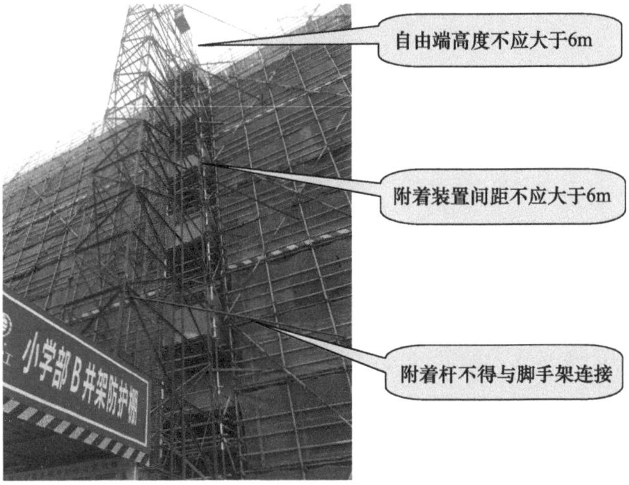自由端高度不应大于6m
附着装置间距不应大于6m
附着杆不得与脚手架连接</td></tr>
</table>

<table>
<tr><td rowspan="4">隐患图例</td><td></td><td></td></tr>
<tr><td>附着设置简单且固定螺栓松动</td><td>附着杆支座固定螺栓松动</td></tr>
<tr><td></td><td></td></tr>
<tr><td>附着支座螺栓过长后采用木块垫片</td><td>附着杆对接螺栓缺失</td></tr>
</table>

<table>
<tr><td rowspan="2">
隐患图例</td><td></td><td></td></tr>
<tr><td>附着杆采用脚手架钢管且对接不规范</td><td>附着支座与附着杆采用单扣件+钢筋点焊固定</td></tr>
<tr><td>预防措施</td><td colspan="2">1. 附着装置应按使用说明书要求安装设置，不得就地取材，采用脚手架钢管作为附着杆。
2. 当附着杆需要接长时，应有可靠的对接措施，不得使用扣件进行搭接。
3. 应合理设置建筑物上的附着点，并提前做好预埋措施，避免安装作业时，因未预设附着点而采取简便的临时固定措施，导致附着装置存在安全隐患</td></tr>
</table>

8.3 缆 风 绳

<table>
<tr><th>项目</th><th>检查要点</th><th>常见问题</th><th>失效形式</th><th>检查方法</th></tr>
<tr><td rowspan="5">检查内容</td><td rowspan="5">1. 缆风绳设置应符合使用说明书要求。架体高度≤20m 时,不少于1组;>20m 时不少于2组。缆风绳直径不应小于8mm,安全系数不应小于3.5,缆风绳不得有断股、扭曲变形等缺陷。
2. 每一组4根缆风绳与架体的连接点应在同一水平高度,且应对称设置;缆风绳与架体的连接应有防止钢丝绳受剪破坏的措施。
3. 最上一道缆风绳宜设在导轨架的顶部;当中间设置缆风绳时,应采取增加导轨架刚度的措施。
4. 缆风绳与水平面夹角宜为45°~60°,其下端应采用与钢丝绳拉力相适应的索具螺旋扣与地锚拉紧连接,不得拴在树木、电杆等其他物体上。
5. 当采用钢管或角钢设置地锚时,不应少于2根;应并排设置,间距不应小于0.5m,打入深度不应小于1.7m。
6. 当物料提升机安装高度≥30m 时,不得使用缆风绳</td><td>设置间距过大、缆风绳直径过小</td><td rowspan="3">缆风绳存在隐患,承载能力不足,架体有变形、倒塌的风险</td><td rowspan="5">检查位置:
地面、缆风绳设置处

检查方法:
查阅资料,目测、手动测试</td></tr>
<tr><td>4根缆风绳松紧不一</td></tr>
<tr><td>缆风绳角度过小或过大</td></tr>
<tr><td>地锚点设置随意、松动</td><td rowspan="2">架体容易失去稳定性,导致变形</td></tr>
<tr><td>缆风绳与附着装置混合设置</td></tr>
</table>

检查图例

缆风绳宜设置在架体的顶部

缆风绳4根一组，松紧度应一致

缆风绳与汽车通道的垂直距离不宜低于4m

缆风绳与水平面夹角宜为45°~60°，并应采用与缆风绳等强度的索具螺旋扣与地锚连接

地锚应固定可靠、无松动

<table>
<tr><td rowspan="4">隐患图例</td><td>
</td><td></td></tr>
<tr><td>附着杆和缆风绳混用</td><td>附着杆和缆风绳混用</td></tr>
<tr><td></td><td></td></tr>
<tr><td>地锚设置在后浇带钢筋上</td><td>地锚设置在顶板面钢筋上</td></tr>
</table>

<table>
<tr><td rowspan="4">隐患图例</td><td></td><td></td></tr>
<tr><td>缆风绳锚固点设置不合理，
装修阶段被拆除</td><td>锚固点设置不合理</td></tr>
<tr><td></td><td></td></tr>
<tr><td>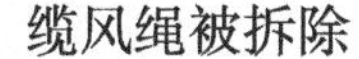
缆风绳被拆除</td><td>缆风绳锚固点设置在脚手架上</td></tr>
<tr><td>预防措施</td><td colspan="2">1. 物料提升机布置时，应考虑周边环境，防止缆风绳与运输通道的垂直距离不足，影响物料运输。
2. 物料提升机布置时，应提前做好锚固点的预设，避免出现锚固点临时寻找不符要求的情况。
3. 物料提升机搭设完后，应对缆风绳进行调整，使各缆风绳张紧度适宜；不得强行通过调节部分缆风绳来纠正垂直度，导致各缆风绳松紧不一，导致架体变形。
4. 应定期检查缆风绳的固定情况，调整钢丝绳的张紧度，特别是临近竣工阶段，防止缆风绳被人为拆除。
5. 禁止采用缆风绳与刚性附着装置混合使用</td></tr>
</table>

8.4　停层平台

项目	检查要点	常见问题	失效形式	检查方法
检查内容	1. 各停层平台搭设应牢固、安全可靠，两边应设置不小于 1.5m 高的防护栏杆，并应全封闭。 2. 各停层平台应设置常闭平台门，其高度不应小于 1.8m，且应向内侧开启。 3. 各停层平台应有明显的层次标志	搭设简单、平台与吊笼之间存在较大空隙	间隙过大、层门未关闭，楼层内人员观察吊笼位置时，导致发生机械伤害事故	检查位置：楼层内 检查方法：目测
		层门未关闭		
检查图例	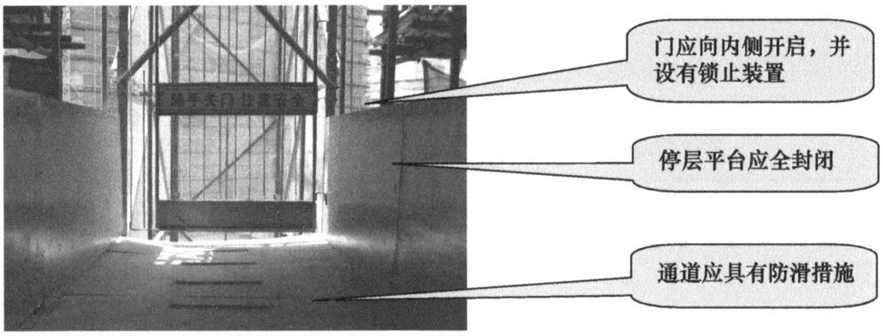 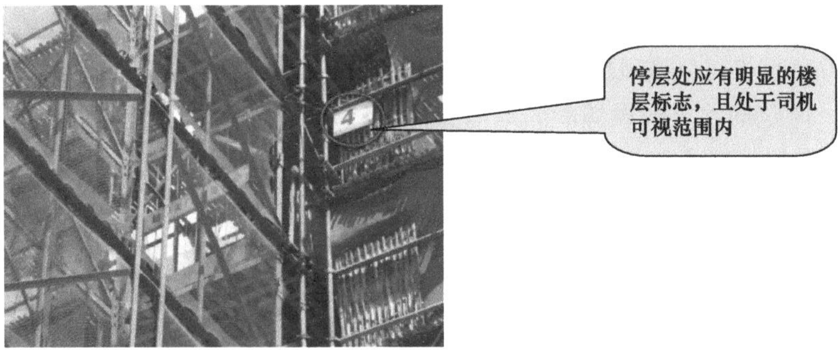 门应向内侧开启，并设有锁止装置 停层平台应全封闭 通道应具有防滑措施 停层处应有明显的楼层标志，且处于司机可视范围内			

<table>
<tr><td rowspan="4">隐患图例</td><td></td><td></td></tr>
<tr><td>层面层未设置停层平台及层门</td><td>层门未关闭</td></tr>
<tr><td>

</td><td></td></tr>
<tr><td>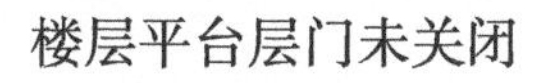
楼层平台层门未关闭</td><td>楼层平台未设置层门</td></tr>
</table>

<table>
<tr><td rowspan="2">隐患图例</td><td></td><td></td></tr>
<tr><td>楼层平台未封闭,层门未设置</td><td>楼层平台未设置层门</td></tr>
<tr><td>预防措施</td><td colspan="2">1. 物料提升机停层平台搭设应做到独立设置,稳定性、层高、两侧防护栏板、平台板厚、防滑满足要求。
2. 平台进入楼内地面交界处出现高低差(错台)时,应用脚手板铺设坡道,坡度不应超过15°,脚手板必须绑扎牢固,并在坡道面钉防滑条,间距不大于300mm;表面不得有砂尘积累,须安排专人打扫。
3. 平台门宜采取工具式、定型化,高度不宜小于1.8m,有防外开装置,并应安装在台口外边缘处,与台口外边缘的水平距离不应大于200mm。
4. 建议采用带自锁磁吸功能的平台门,防止物料运输后出现平台门未关闭的现象</td></tr>
</table>

第9章 吊笼

9.1 整体结构

项目	检查要点	常见问题	失效形式	检查方法
检查内容	1. 吊笼整体外观完好,无明显塑性变形、裂纹和严重锈蚀;吊笼底板应有防滑、排水功能。 2. 吊笼内净高度不应小于2m,吊笼两侧立面及吊笼门应采用网板结构全高度封闭,吊笼门的开启高度不应低于1.8m。 3. 吊笼应有可靠防护顶板、无破损。 4. 吊笼导向滚轮应可靠有效,滚轮与导轨之间的最大间隙不应大于1mm。 5. 产品标牌应固定牢固,易于观察,并应在显著位置设置安全警示标识	结构件变形、严重锈蚀、焊缝开裂	在吊笼装载物料后因停层时的冲击载荷,导致吊笼薄弱处断裂,出现高空坠物	检查位置:吊笼内部 检查方法:目测
		吊笼底板破损、底梁严重锈蚀		
		吊笼未全封闭、局部破损	装载物料掉落,易发生物体打击现象	
		吊笼顶破损	易对进出吊笼的作业人员造成伤害	
		导靴滚轮轮缘偏磨,滚轮偏离导轨架,滚轮缺失	吊笼在运行过程中,晃动过大,易卡住导轨,导致架体受损	
		出厂铭牌随意设置、缺失	存在吊笼超年限使用的隐患	

检查图例	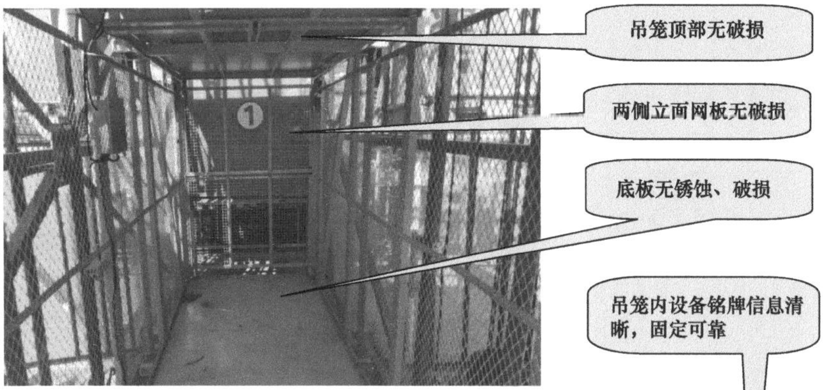 吊笼顶部无破损 两侧立面网板无破损 底板无锈蚀、破损 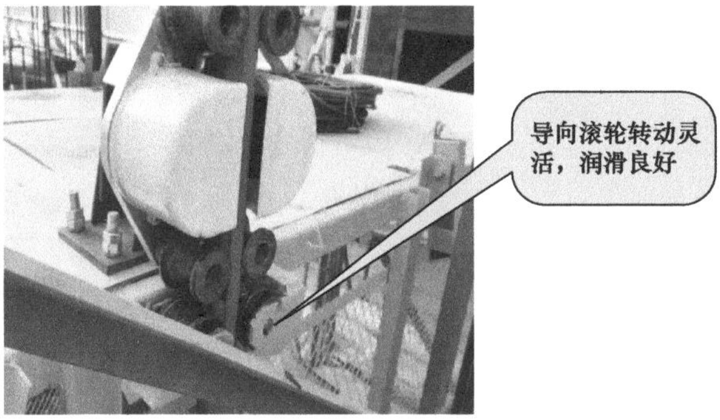 吊笼内设备铭牌信息清晰，固定可靠 导向滚轮转动灵活，润滑良好	
隐患图例		
	焊缝开裂	出料门缺失，底层层门未关闭，架体杆件被拆除

<table>
<tr><td rowspan="4">隐患图例</td><td></td><td></td></tr>
<tr><td>出料门未关闭且首层未设置层门</td><td>吊笼底板锈穿</td></tr>
<tr><td></td><td></td></tr>
<tr><td>吊笼底板破损</td><td>吊笼破损严重，且楼层平台层门未关闭</td></tr>
</table>

<table>
<tr><td rowspan="4">隐患图例</td><td></td><td></td></tr>
<tr><td>吊笼导轮脱出架体</td><td>吊笼顶板损坏</td></tr>
<tr><td></td><td></td></tr>
<tr><td>吊笼顶变形</td><td>导轮脱落,底层围护坍塌</td></tr>
</table>

<table>
<tr><td rowspan="4">隐患图例</td><td></td><td></td></tr>
<tr><td>出料门变形，且顶部出口未关闭</td><td>电动三轮车进出吊笼</td></tr>
<tr><td></td><td></td></tr>
<tr><td>吊笼侧面网板破损</td><td>吊笼底部严重锈蚀</td></tr>
<tr><td>预防措施</td><td colspan="2">1. 应禁止电动三轮车装载物料进入吊笼，防止吊笼受到反复冲击后结构变形，严重时直接断裂。
2. 做好物料提升机司机的安全交底，注意观察吊笼的运行情况，如出现异常晃动及出现异响时，应立即停机检查。
3. 物料装载时，应堆放平整，避免吊笼运行时出现移动、冲撞，影响吊笼安全运行；不得将堆放的物料长度超过吊笼两侧料门，导致物料与架体发生碰撞。
4. 为防止吊笼停层不准，吊笼底部与停层平台出现阶差，导致物料进出吊笼时产生冲撞引起结构受损，建议在吊笼内部安装具备双向对讲功能的电视监控系统</td></tr>
</table>

9.2 安全停靠装置

项目	检查要点	常见问题	失效形式	检查方法
检查内容	1. 吊笼安全停靠装置应为刚性机构,必须能够承担吊笼、物料及作业人员等全部荷载。 2. 安全停靠装置动作灵活,无变形,与进、出料门联动可靠。 3. 架体上的停层搁脚与楼层平台垂直距离不应超过100mm	停靠装置被绑扎、卡阻,无法搁在架体杆件上	当制动失效时,无法将吊笼停在架体上,而使吊笼失控下坠	检查位置: 地面、楼层平台处 检查方法: 目测,进、出料门开启测试
		停层搁脚未设置、距离过远	当吊笼制动失效下坠时,对架体产生冲击,导致架体变形	
检查图例	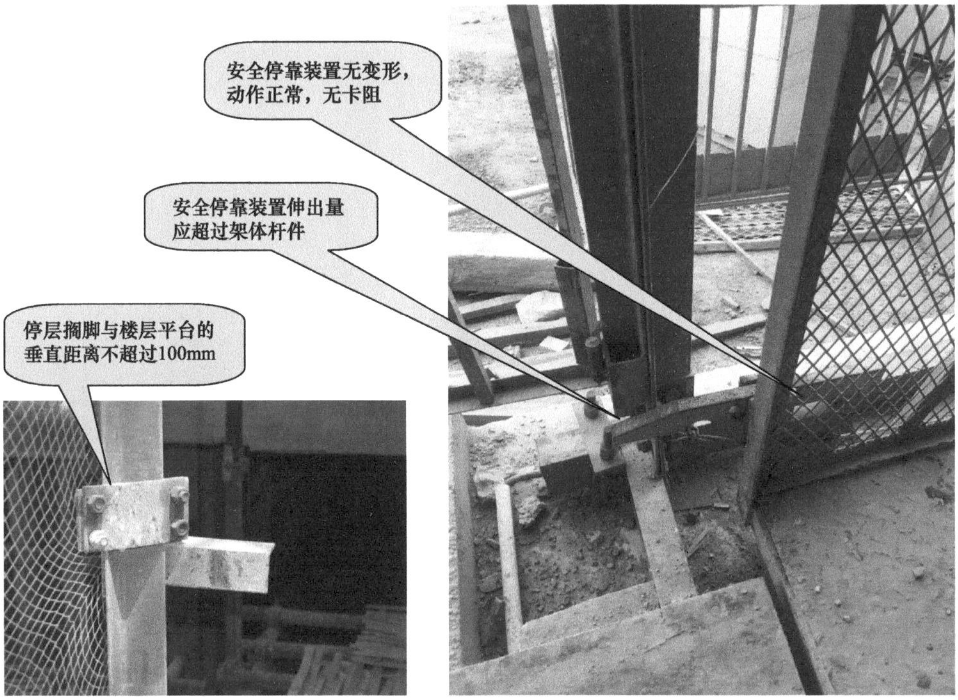 停层搁脚与楼层平台的垂直距离不超过100mm 安全停靠装置伸出量应超过架体杆件 安全停靠装置无变形,动作正常,无卡阻			

<table>
<tr><td rowspan="6">隐患图例</td><td></td><td></td></tr>
<tr><td>停靠装置单侧失效(未打开)</td><td>安全停靠装置用带肋钢代替,且无法搁置在架体上,形同虚设</td></tr>
<tr><td></td><td></td></tr>
<tr><td>无安全停靠装置</td><td>安全停靠装置失效(铁丝绑扎)</td></tr>
<tr><td></td><td></td></tr>
<tr><td>安全停靠装置失效(铁丝绑扎)</td><td>安全停靠装置失效(铁丝绑扎)</td></tr>
</table>

预防措施	1. 做好日常检查保养，及时清理安全停靠装置处的混凝土及杂物，确保安全停靠装置动作正常且两边同步打开。 2. 做好作业班组的安全教育，物料运出吊笼后应及时关闭进、出料门，以避免停靠装置撞击架体及绑扎停靠装置的情况发生。 3. 物料提升机架体搭设时，应在每个楼层处均设置停层搁脚，对待建楼层也应按预估高度进行设置。 4. 建议将安全停靠装置布置在吊笼顶，以避免杂物堵塞、碰撞而导致停靠装置失效

9.3 安全装置

<table>
<tr><th>项目</th><th>检查要点</th><th>常见问题</th><th>失效形式</th><th>检查方法</th></tr>
<tr><td rowspan="3">检查内容</td><td rowspan="3">1. 防坠安全器
吊笼应设置防坠安全器;当提升钢丝绳断绳或传动装置失效时,防坠安全器应能制停带有额定起重量的吊笼,且不应造成结构损坏。
2. 起重量限制器
当荷载达到额定起重量的90%时,应发出警示信号;当荷载达到额定起重量并小于额定起重量的110%时,起重量限制器应能停止吊笼向上运行动作。
3. 上、下限位开关
上限位开关:当吊笼上升至限定位置时,触发限位开关,吊笼应停止运动,上部越程距离不应小于3m。
下限位开关:当吊笼下降至限定位置时,触发限位开关,吊笼应停止运动</td><td>锈蚀严重,动作卡滞;偏心轮损坏或者导向轮缺失</td><td>有可能导致机构无法联动,偏心轮不能在瞬间卡住导轨,吊笼坠落</td><td rowspan="3">检查位置:
地面、吊笼内

检查方法:
目测,试验</td></tr>
<tr><td>起重量限制器损坏、电线损坏</td><td>可能导致吊笼超载运行,吊笼结构损坏</td></tr>
<tr><td>行程限位开关损坏、失效</td><td>容易使吊笼或对重撞击架体,导致吊笼或架体变形</td></tr>
<tr><td>检查图例</td><td colspan="4"></td></tr>
</table>

<table>
<tr><td>检查图例</td><td colspan="2">
限位开关固定牢固，动作灵敏，动作后吊笼最高位置（或对重最高处）到天梁最低处的安全距离应大于3m

连接销轴固定可靠、接线规范，动作灵敏</td></tr>
<tr><td rowspan="4">隐患图例</td><td></td><td></td></tr>
<tr><td>防坠安全器失效(铁丝绑扎)</td><td>防坠安全器固定失效、倾斜</td></tr>
<tr><td></td><td></td></tr>
<tr><td>安全限位装置损坏</td><td>行程限位开关用钢筋作安装支架</td></tr>
</table>

<table>
<tr><td rowspan="4">隐患图例</td><td></td><td></td></tr>
<tr><td>重量限制器电缆线断裂</td><td>下限位开关失效(推杆变形)</td></tr>
<tr><td></td><td></td></tr>
<tr><td>下限位开关失效(推杆缺失)
且挡板变形</td><td>下限位开关失效(铁丝绑扎)</td></tr>
</table>

预防措施	1. 日常检查维保时,应对安全装置的完好性和灵敏性检查,并进行试验。 2. 防坠安全器应表面清洁无锈蚀,并做好润滑,安装完毕后应合理调整防坠安全器与导轨的间隙;并注意导向滚轮是否有缺失、间隙过大,防止因吊笼摆动过大,导致防坠安全器误动作,架体受损。 3. 做好司机、作业班组的安全教育,严格按安全操作规程作业,禁止为贪图方便而人为破坏安全装置的情况发生

第10章 传动系统

10.1 卷扬机

项目	检查要点	常见问题	失效形式	检查方法
检查内容	1. 固定曳引机(卷扬机)应有专用的锚固措施,且应牢固可靠。 2. 曳引机(卷扬机)无渗漏,工作时运行平稳,无异响。 3. 曳引轮设防钢丝绳脱出装置。 4. 制动器动作灵敏,吊笼能可靠制动,无下滑现象;制动片磨损未达到原厚度的50%。 5. 曳引机(卷扬机)上部应有挡雨措施。 6. 曳引机(卷扬机)的金属结构的外壳接地应良好,其重复接地电阻不应大于10Ω	固定螺栓松动、采用钢筋或钢管扣件固定	固定失效,严重时卷扬机脱离底座,引起吊笼下坠	检查位置:地面 检查方法:目测
		减速器漏油、有异响	加速减速器异常磨损,导致传动失效	
		曳引钢丝绳脱出	断绳或断轴	
		制动片磨损、制动间隙未调整好	吊笼因制动力矩不足出现下滑现象,严重时吊笼失控下坠	
		上部挡雨措施缺失	会出现吊笼打滑现象,特别是会对作业人员进出吊笼时造成伤害	

<table>
<tr><td>检查图例</td><td colspan="2"> 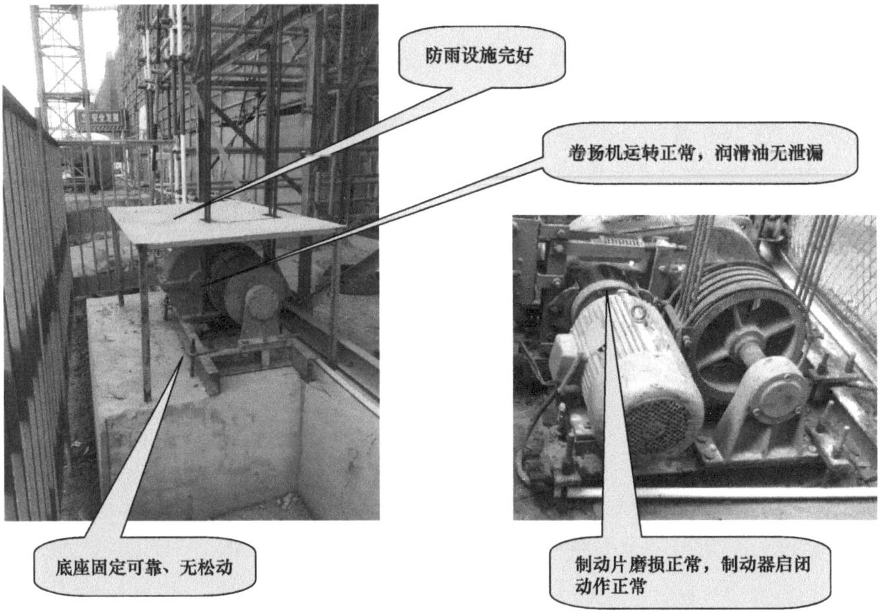防雨设施完好
卷扬机运转正常，润滑油无泄漏
底座固定可靠、无松动
制动片磨损正常，制动器启闭动作正常</td></tr>
<tr><td rowspan="2">隐患图例</td><td>底座螺栓松动</td><td>卷扬机底座固定不规范且下方用木块垫片</td></tr>
<tr><td>防雨罩不规范</td><td>卷扬机联轴器弹性圈松动、损坏</td></tr>
</table>

<table>
<tr><td rowspan="4">隐患图例</td><td></td><td></td></tr>
<tr><td>卷扬机联轴器弹性圈缺失</td><td>制动器摩擦片脱落</td></tr>
<tr><td></td><td></td></tr>
<tr><td>电机接线端防护罩缺失</td><td>曳引机无防护隔离</td></tr>
<tr><td>预防措施</td><td colspan="2">1. 曳引机（卷扬机）采用固定基础时，应采用预埋地脚螺栓，不得采用钢筋代替；严禁采用钢管扣件或其他类似方式固定。
2. 当曳引机（卷扬机）固定采用植筋时，应进行抗拔力测试，使用过程中做好螺栓的紧固和防松工作。
3. 定期换油，换油时需检查油质，对任何细小颗粒物，需做分析；注意减速器运行时的声音，是否有异响、噪声突然增大以及抖动现象。
4. 当物料提升机安装位置宜高于地面，并应有排水措施，确保卷扬机无积水。
5. 做好使用过程中的制动器观察和检查。司机应每日观察曳引轮上钢丝绳位置和制动器的工作情况，主要是关注同样工况下吊笼下行制动时的下滑量是否明显增大。
6. 对司机进行安全操作培训，做好突发情况下的应急操作处理。
7. 为防止雨天打滑导致吊笼下坠，曳引机（卷扬机）上部的防雨设施必须完好</td></tr>
</table>

10.2 曳引系统

项目	检查要点	常见问题	失效形式	检查方法
检查内容	1. 曳引轮直径与钢丝绳直径的比值不应小于40,包角不宜小于150°。 2. 当曳引钢丝绳为2根及以上时,应设置曳引力自动平衡装置。 3. 曳引轮转动灵活,轮槽磨损未大于原厚度的15%。 4. 应有防止钢丝绳脱出曳引轮的保护装置,且有足够的强度。 5. 钢丝绳的规格、型号应符合使用说明书要求,与滑轮和曳引轮相匹配,并应正确穿绕。 6. 钢丝绳应润滑良好,未与金属结构摩擦;钢丝绳未达到报废标准。 7. 配重箱内置配重物的重量应符合说明书要求	自动平衡装置失效、曳引轮槽局部磨损较深	摩擦力不足导致打滑,吊笼下坠	检查位置: 地面 检查方法: 查阅资料、目测
		防脱出装置失效	钢丝绳脱出后因挤压或磨损而断裂,会导致吊笼坠落	
		钢丝绳缺少润滑、断丝、断股,绳径过小	导致钢丝绳快速报废,吊笼无法使用	
		配重不足	曳引摩擦力下降,牵引力不足	
检查图例				

检查图例	 曳引轮槽磨损均匀，未出现局部磨损过深 钢丝绳防脱出装置完整，并有足够的强度	
隐患图例		
	钢丝绳规格偏小	钢丝绳扭曲变形

<table>
<tr><td rowspan="4">隐患图例</td><td></td><td></td></tr>
<tr><td>1 根钢丝绳缺失，中间 1 根
钢丝绳未收紧</td><td>钢丝绳跳槽</td></tr>
<tr><td></td><td></td></tr>
<tr><td>钢丝绳跳槽，且防脱出装置
强度不够，容易变形</td><td>钢丝绳严重断丝</td></tr>
</table>

<table>
<tr><td rowspan="4">隐患图例</td><td></td><td></td></tr>
<tr><td>钢丝绳脱出致轴严重磨损后断裂，吊笼坠落</td><td>钢丝绳严重断丝</td></tr>
<tr><td></td><td></td></tr>
<tr><td>曳引轮损坏</td><td>防脱槽装置缺失</td></tr>
</table>

预防措施	1. 物料提升机安装前应对曳引轮槽的磨损情况进行检查，如有局部磨损较深的，应进行机加工，使 4 个轮槽深度一致，如已达到报废标准的，应予以更换。 2. 物料提升机安装好后，应对钢丝绳进行调整，使 4 根钢丝绳受力基本一致，同时确保自动平衡装置有效，避免单根钢丝绳受力过大，导致钢丝绳、曳引轮槽过度磨损而报废。 3. 定期对曳引轮进行检查维护，确保固定螺栓无松动，钢丝绳防脱出装置完好；使用过程中，司机应随时观察 4 根钢丝绳运行情况，如发现出现排列间距变化，应立即停机检查。 4. 加强对司机的安全技术交底，在重载情况下吊笼至地面 1m 时应制停，然后再降至地面，避免吊笼直接撞击地面时产生的冲击力导致钢丝绳跳槽。 5. 提升吊笼钢丝绳直径不应小于 12mm，安全系数不应小于 8

10.3 司机操作棚

项目	检查要点	常见问题	失效形式	检查方法
检查内容	1. 操作柜的操作按钮应有指示功能和功能方向的标识。 2. 应设有非自动复位型紧急断电开关,且开关应设在便于司机操作的位置。 3. 可视系统画面清晰,能清楚观察到吊笼内部与楼层之间的距离。 4. 操作棚搭设应牢靠,能防雨,且视线良好。 5. 棚内应设置专用开关箱,照明应满足使用要求;电气设备系统的金属外壳接地应良好,其重复接地电阻不应大于10Ω	操作按钮失效,标志不清晰、脱落	司机容易误操作,引发事故	检查位置: 操作棚处 检查方法: 目测,手动测试
		急停按钮失效	无法在紧急状态下切断电源,使吊笼停止运行	
		司机观察视线受限、监控显示器图像模糊	司机视线受影响,当吊笼运行空间出现隐患时无法及时处理	
		操作棚简易设置、设置地点有高空坠物风险	操作环境恶劣,容易出现物体打击事故	
检查图例	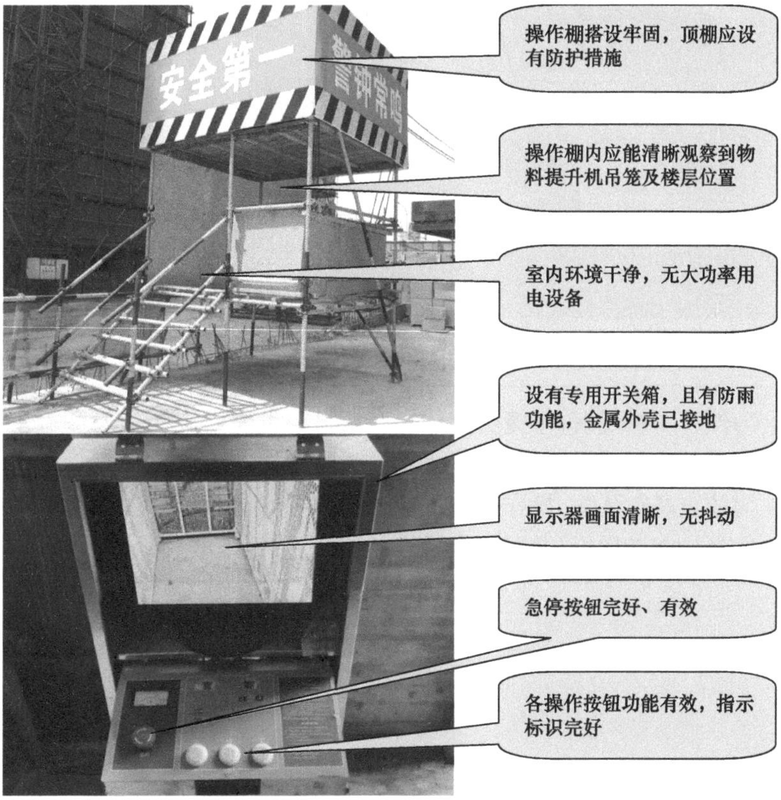 安全第一 警钟常鸣 操作棚搭设牢固,顶棚应设有防护措施 操作棚内应能清晰观察到物料提升机吊笼及楼层位置 室内环境干净,无大功率用电设备 设有专用开关箱,且有防雨功能,金属外壳已接地 显示器画面清晰,无抖动 急停按钮完好、有效 各操作按钮功能有效,指示标识完好			

<table>
<tr><td rowspan="4">隐
患
图
例</td><td>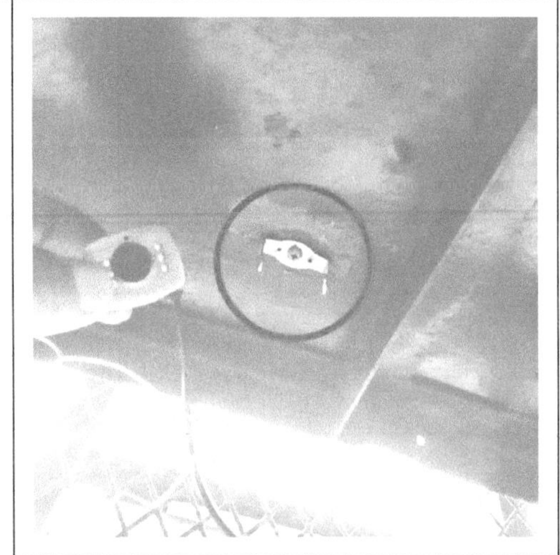</td><td></td></tr>
<tr><td>吊笼内摄像头掉落</td><td>司机操作棚窗口被遮挡，
司机无法观察吊笼运行情况</td></tr>
<tr><td></td><td></td></tr>
<tr><td>操作按钮及急停按钮损坏</td><td>操作箱露天放置</td></tr>
<tr><td>预
防
措
施</td><td colspan="2">1. 为便于司机观察，吊笼与架体应有明显的色差。
2. 物料提升机操作棚建议采用定型化、装配式结构。
3. 为防止高空坠物，操作棚应设在安全位置，否则上部应设置双层防护。
4. 定期检查操作柜，及时更换损坏的按钮、手柄等电气元件</td></tr>
</table>

第3篇　高处作业吊篮

第11章 作业环境

11.1 结构件

<table>
<tr><th>项目</th><th>检查要点</th><th>常见问题</th><th>失效形式</th><th>检查方法</th></tr>
<tr><td rowspan="4">检查内容</td><td rowspan="4">1. 悬挂装置的钢结构及焊缝应无明显变形、裂纹和严重锈蚀。
2. 结构件各连接螺栓应齐全、紧固,并应有防松措施;所有连接销轴使用应正确,均应有可靠轴向止动装置。
3. 悬挂装置安装形式、额定载重量、配重重量及使用高度应符合使用说明书或专项施工方案的规定;当采用特殊安装形式时,应有经专家技术论证的专项施工方案。
4. 悬挂装置各结构件应是同一制造商、同型号的配套产品;特殊构配件应有产品合格证。</td><td>钢结构变形、开裂、锈蚀</td><td rowspan="2">悬挂装置强度降低,使用过程中连接点断裂,导致平台坠落</td><td rowspan="4">检查位置:屋面

检查方法:查阅资料,目测,手拧</td></tr>
<tr><td>螺栓松动、缺失、无防松措施、未采用高强度螺栓连接、用螺栓代替销轴</td></tr>
<tr><td>安装形式与方案不符,特殊安装形式未经技术论证</td><td>安装存在严重安全隐患,导致使用过程中悬挂装置整体倾覆</td></tr>
<tr><td>各结构件混装、自行制作特殊构配件</td><td>由于受力不均匀,容易导致各结构件在连接点处出现变形、开裂</td></tr>
</table>

<table>
<tr><td rowspan="2">检查内容</td><td rowspan="2">5. 悬挂装置横梁应水平,其水平度误差不应大于横梁长度的4%,严禁前低后高。
6. 悬挂装置支架支撑处的建筑结构应能承受吊篮工作时对结构施加的最大作用力</td><td>前后支架存在高低差</td><td>导致悬挂装置使用过程中出现位移,严重时整体倾覆</td><td rowspan="2"></td></tr>
<tr><td>支撑处达不到悬挂装置承载要求</td><td>支撑处塌陷,严重时悬挂装置失稳而导致平台坠落</td></tr>
<tr><td>检查图例</td><td colspan="4">

</td></tr>
</table>

<table>
<tr><td rowspan="4"></td><td></td><td></td></tr>
<tr><td>悬挂装置安装前低后高</td><td>不同型号结构件混装,且
安全绳固定在后支架上</td></tr>
<tr><td></td><td></td></tr>
<tr><td>悬挂装置安装前高后低</td><td>特殊安装形式未按方案
实施,且绑扎钢丝绳未收紧</td></tr>
</table>

<table>
<tr><td rowspan="6">隐患图例</td><td></td><td></td></tr>
<tr><td>女儿墙卡钳支撑处采用木板垫片</td><td>结构件开裂</td></tr>
<tr><td></td><td></td></tr>
<tr><td>结构件混装且已经开裂</td><td>特殊安装形式,后支架固定不符合要求</td></tr>
<tr><td></td><td></td></tr>
<tr><td>后支架连接螺栓缺失</td><td>后支架超高未采取侧向拉结稳定</td></tr>
</table>

<table>
<tr><td rowspan="4">隐患图例</td><td></td><td></td></tr>
<tr><td>连接螺栓松动</td><td>前支架连接螺栓缺失</td></tr>
<tr><td></td><td>
</td></tr>
<tr><td>悬挂装置采用非标准件</td><td>连接螺栓缺失及松动</td></tr>
</table>

隐患图例		
	销轴用螺栓代替且螺栓长度也不够	销轴用螺栓代替

	索具螺旋扣已整体变形	连接板孔洞过大,固定失效
预防措施	1. 主要结构件产生永久变形而又不能修复时,应予以报废;当主要结构件由于腐蚀、磨损等原因,在静载试验时(2.5倍极限工作荷载)无法保持稳定或出现断裂或变形时,应予以更换。 2. 标准件、配套件、外购件、特殊构配件均应有产品合格证方可使用,当确需在施工现场制作加工时,应由总包单位、安装单位、监理单位、吊篮制造商对特殊安装形式所用悬挂装置进行验收。 3. 建议在悬挂装置上标识配套提升机的极限工作荷载;表示配重数量与提升机极限工作荷载、外侧长度、内侧长度的对应图表。	

预防措施	4. 用于悬挂装置安装的销轴、螺栓等紧固件规格及强度等级应符合使用说明书的规定,不得随意代用。 5. 为了保证吊篮正常使用和结构安全,对于悬挂装置支架支撑处结构承载能力不能确定符合要求的,如安装在不承载屋面、悬挑结构、构造梁柱等部位,其承载能力应由结构原设计单位复核确认。对于作为吊篮悬挂装置安装的承重平台应由有资质单位进行专项设计计算。 6. 结构件除锈的方法一般采用打磨后涂漆;但打磨会造成铁件变薄,而且内部锈蚀问题也无法解决,因此建议悬挂装置的结构件采用镀锌材料。 7. 标配吊篮安装应符合产品说明书的要求。当安装条件不能满足产品说明书要求时,应对悬挂装置进行专项设计和制作加工,专项设计确定的特殊安装形式所用悬挂装置应符合以下规定: (1)受力构件的强度、刚度和稳定性应按《高处作业吊篮》GB/T 19155 规定进行设计计算; (2)抗倾覆稳定系数应不小于 3; (3)其设计应由产品制造商承担,其内容应纳入专项施工方案

11.2　前梁及前支架

项目	检查要点	常见问题	失效形式	检查方法
检查内容	1. 悬挂机构的前支架(前梁)不应支撑在非承重建筑结构上。 2. 不使用前支架的,前梁上的搁置支心点应和前支架的支撑点相重合,工作时不得自由滑移。 3. 悬挂装置前支架受力点与上方加强钢丝绳立杆错位不应超过100mm,加强钢丝绳无松弛。 4. 前支架架设在狭小且在内、外侧无凸起或止挡的建筑结构处时,应设置防止其向内、外侧滑移倾翻的限位措施。 5. 前梁外伸长度应符合使用说明书或专项施工方案要求。 6. 悬挂装置前梁的吊点水平间距与悬挂平台的吊点间距应相等,其误差不应大于50mm。 7. 前梁钢丝绳的绳端固结应符合产品说明书的规定,且应分开独立设置	前支架(前梁)支撑在非承重结构上	前支架容易失稳,导致悬挂平台坠落	检查位置: 屋面 检查方法: 查阅资料,目测,卷尺测量
		前梁搁置点与前支架支撑点错位、与上支架错位,加强钢丝绳未收紧		
		前支架无滑移倾翻的措施		
		前梁外伸长度过长	前梁在使用过程中断裂	
		前梁吊点水平距离过大或过小	钢丝绳出现斜拉现象,导致悬挂平台无法正常使用	
		安全钢丝绳和工作钢丝绳设置在同一位置	当固定销轴脱落时,无法起到分开保护作用	
检查图例	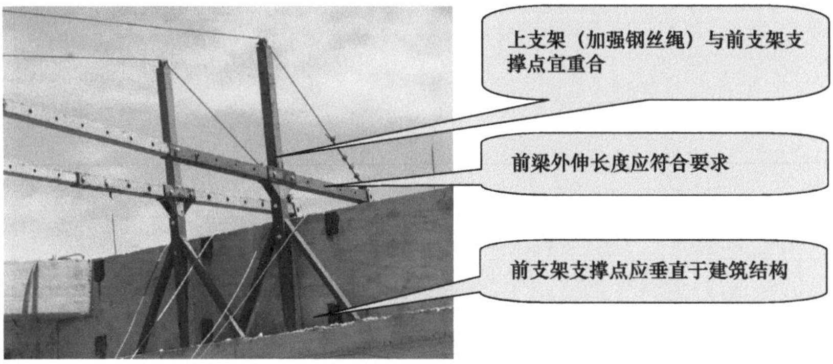 上支架(加强钢丝绳)与前支架支撑点宜重合 前梁外伸长度应符合要求 前支架支撑点应垂直于建筑结构			

<table>
<tr><td>检查图例</td><td colspan="2">

</td></tr>
<tr><td rowspan="4">隐患图例</td><td></td><td></td></tr>
<tr><td>前梁下方用两块方木搁置,容易倾倒</td><td>前梁外伸过长且未采取加强措施</td></tr>
<tr><td></td><td></td></tr>
<tr><td>上支架与前梁支撑点严重错位</td><td>上支架与前支架未重合</td></tr>
</table>

<table>
<tr><td rowspan="6"></td><td></td><td></td></tr>
<tr><td>加强钢丝绳未收紧，前梁下垂</td><td>前支架悬空未受力</td></tr>
<tr><td></td><td></td></tr>
<tr><td>前梁的吊点水平间距与
悬挂平台的吊点间距误差过大</td><td>前梁的吊点与悬挂平台
不重合，存在斜拉现象</td></tr>
<tr><td></td><td></td></tr>
<tr><td>前支架搁置点不稳定</td><td>销轴用螺栓代替，且螺
栓松动、连接板变形</td></tr>
</table>

<table>
<tr><td rowspan="4">隐患图例</td><td></td><td></td></tr>
<tr><td>前支架搁置不平易倾倒，钢丝绳固定不规范（与连接螺栓干涉）</td><td>工作钢丝绳与安全钢丝绳同一固定点</td></tr>
<tr><td></td><td></td></tr>
<tr><td>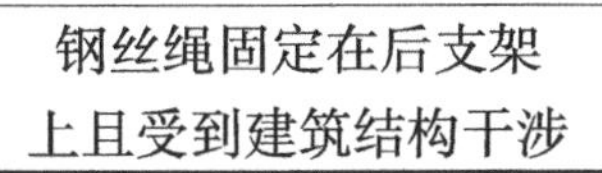钢丝绳固定在后支架上且受到建筑结构干涉</td><td>钢丝绳固定在后支架上</td></tr>
</table>

预防措施	1. 当受工程施工条件限制,前支架需要放置在女儿墙、建筑物外挑檐边缘等位置时,除采取防止其倾翻或移动的措施外,还应对其支承处进行校核,满足悬挂装置的承载要求。 2. 当受工程条件所限,及避免前梁外伸长度过长,而不使用前支架时,应采取措施,防止前梁倾翻或移动,且前梁的搁置点处应能满足承载要求。 3. 悬挂装置前梁外伸长度大于1700mm且不大于1900mm时,应按使用说明书规定,重新计算确定额定载重量,并在悬挂平台上进行限载标识。 4. 悬挂装置前梁外伸长度大于1900mm时,宜加大前梁材料规格,增加前梁加强钢丝绳数量并重新计算确定额定载重量;前梁加强钢丝绳张紧程度应保持基本一致。 5. 钢丝绳的端部固点应为金属压制接头、自紧楔形接头等,或其他相同安全等级的形式;如失效会影响安全时,则不能使用U形钢丝绳夹。 6. 不得为安装方便,将工作钢丝绳与安全钢丝绳固定在悬挂装置的后支架上。 7. 应使用OO型索具螺旋扣预紧悬挂装置加强钢丝绳和特殊安装形式的后拉钢丝绳

11.3 配　　重

项目	检查要点	常见问题	失效形式	检查方法
检查内容	1. 配重的重量及几何尺寸应符合产品说明书要求，并应有重量标记，其总重量应满足产品说明书的要求。 2. 不得使用破损的配重块或其他替代物。 3. 配重件应固定在配重架上，并应有防止可随意移除的措施。 4. 后支架应与支承面垂直，非承重脚轮不得受力，承重脚轮应被有效锁止不得滚动。 5. 当后支架的支承面非水平时，应有可靠措施垫平、垫实	配重块数量不足，总重量达不到使用要求	配重块缺损后，总配重减少，悬挂装置出现位移，严重时悬挂装置失去稳定，整体倾覆	检查位置：屋面 检查方法：目测
		配重块破损或采用替代物		
		配重块未锁定		
		后支架支承面不平整、安装不垂直	后支架倾翻，导致平台失控下坠	
检查图例	 应有防止配重块随意移除的措施 配重块数量及总重量应满足要求 后支架应垂直设置，下方应垫设木板，防止对建筑结构的损坏 外侧无止挡时，应有防止向内、外侧滑移倾翻的措施 小心轻放 25KG			

<table>
<tr><td rowspan="4">隐患图例</td><td></td><td></td></tr>
<tr><td>配重块未设置防移除措施</td><td>配重块未设置防移除措施、
安全绳固定在后支架上</td></tr>
<tr><td></td><td></td></tr>
<tr><td>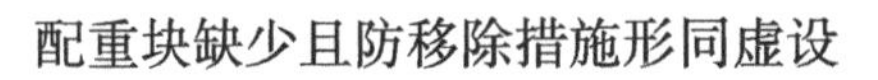
配重块缺少且防移除措施形同虚设</td><td>配重块破碎且随意叠放</td></tr>
</table>

<table>
<tr><td rowspan="2">隐患图例</td><td></td><td></td></tr>
<tr><td>后支架下方未垫设木板，
对外屋面结构造成损伤</td><td>配重块破碎且整体倾覆</td></tr>
<tr><td>预防措施</td><td colspan="2">1. 为防止他人误移动配重块，应在后支架上悬挂安全警示标志，并应在后支架上附着永久清晰的安装说明，以防止配重块数量不够。
2. 配重块应牢固地安装在后支架上，锁止装置应设置成不方便拆卸的，以防止未授权人员随意拆卸。
3. 配重块应是实心的（每块最大质量25kg）且有永久标记，禁止采用注水或散状物作为配重。
4. 为防止使用时间较长后，出现破碎，混凝土配重块的强度等级应不低于C25，且内部应有加强钢筋。
5. 屋面安装时，应注意后支架支承面的平整度，为防止后支架倾倒，垫平措施应可靠防滑移</td></tr>
</table>

第12章 悬挂平台

12.1 平　　台

<table>
<tr><th>项目</th><th>检查要点</th><th>常见问题</th><th>失效形式</th><th>检查方法</th></tr>
<tr><td rowspan="5">检查内容</td><td rowspan="5">1. 悬挂平台拼接总长度应符合使用说明书的要求；平台内部宽度不应小于500mm，护栏高度不应小于1000mm。
2. 底板应牢固，无破损，并应有防滑措施；底板开孔直径不小于15mm。
3. 悬挂平台与建筑物墙面间应设有导轮或缓冲装置；运行通道应无障碍物。
4. 悬挂平台上的产品铭牌应固定可靠，易于观察；应有重量限载的警示标志。
5. 悬挂平台横向增设副篮框时，副篮框与悬挂平台连接方式和连接点数量应与原悬挂平台连接要求相同；带副篮框平台悬空后，在主、副篮框核载重量条件下应保持平衡，不得有明显倾斜现象</td><td>平台自制、拼接螺栓松动，平台总长度超过要求</td><td>使用过程中平台断裂，导致作业人员坠落</td><td rowspan="5">检查位置：地面

检查方法：目测</td></tr>
<tr><td>底板破损、严重锈蚀</td><td>使用过程中容易导致平台上的人及物体出现坠落</td></tr>
<tr><td>运行通道有障碍物</td><td>使用过程中，容易钩住钢丝绳或平台，导致意外发生</td></tr>
<tr><td>铭牌缺失、重量限载牌不清晰</td><td>悬挂平台超载使用，容易导致结构件变形、开裂</td></tr>
<tr><td>副篮框自制、连接不规范</td><td>悬挂平台整体失稳后出现断裂，导致平台坠落</td></tr>
</table>

<table>
<tr><td>检查图例</td><td colspan="2">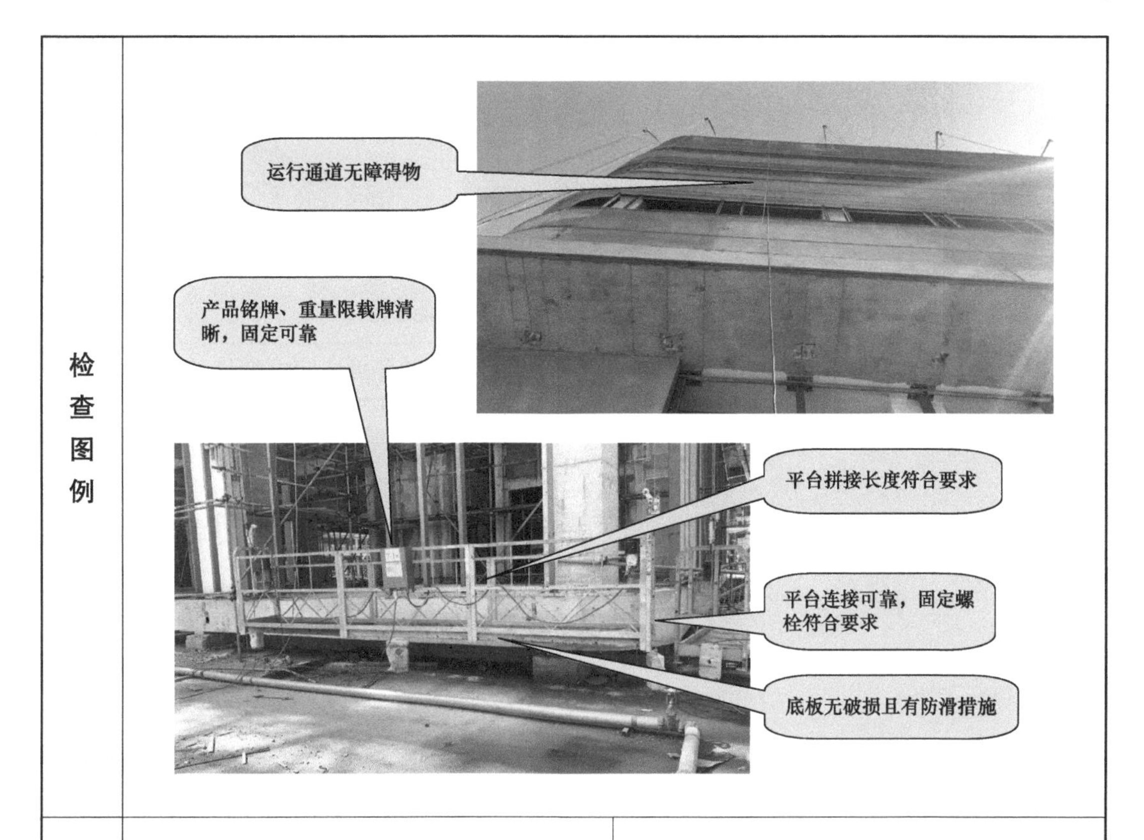
</td></tr>
<tr><td rowspan="2">隐患图例</td><td></td><td></td></tr>
<tr><td colspan="2">外接自制副篮框且用绳索绑扎固定</td></tr>
</table>

<table>
<tr><td rowspan="4">隐患图例</td><td></td><td></td></tr>
<tr><td>平台拼接长度与方案不符</td><td>平台拼接固定螺栓缺失</td></tr>
<tr><td></td><td></td></tr>
<tr><td>栏杆与底板固定螺栓缺失</td><td>平台拼接固定螺栓松动</td></tr>
<tr><td>预防措施</td><td colspan="2">1. 悬挂平台安装好后,应对平台进行加载测试,当在平台底板上施加额定载重量时,平台产生的变形量应不大于平台长度的 1/200;卸载 3min 后测量残余变形量应不大于平台长度的 1/1000;当施加 1.25 倍动载时,不能出现结构件失效及可见损坏。
2. 吊篮悬挂高度在 60m 及其以下的,宜选用长边不大于 7.5m 的悬挂平台;悬挂高度在 60m 以上 100m 及其以下的,宜选用长边不大于 5.5m 的悬挂平台;悬挂高度 100m 以上的,宜选用不大于 3.5m 的悬挂平台。
3. 在平台上应标识平台尺寸、平台额定载重量和最多承载人数的对应图表;标识配套提升机的极限工作荷载。
4. 平台核定载重量计算应符合下列规定:
(1)标准安装形式吊篮的最大核定载重量应按下式计算,计算结果大于下表相关数值时,应按表内数值计取;
(2)特殊安装形式吊篮应按下式计算并乘 0.9 安全折减系数,计算结果大于下表相关数值时,应按表内数值计取:</td></tr>
</table>

预防措施	

$$R_y = \frac{L}{L_C}(R_1 + S_{wp}) - S_{wp} - 4q(H - 50)$$

式中：R_y——悬挂平台核定载重量(kg)；

L——使用说明书规定的悬挂装置支架允许外伸悬臂长度(mm)；

L_C——悬挂装置支架安装实际外伸悬臂长度(mm)；

R_1——额定载重量 (kg)；

S_{wp}——实际安装悬挂平台自重(kg)；

H——悬挂点至钢丝绳尾部的距离(m)，小于50m时，取50m；

q——钢丝绳单位长度重量(kg/m)。

不同悬挂平台长度的最大核定载重量

悬挂平台长度(m)	1.5	2.0	2.5	3.0	3.5	4.0	≥4.5
最大核定载重量(kg)	250	300	350	400	450	500	额定载重量

5. 拼接的悬挂平台应采用同一制造商、同规格的产品，禁止使用自制平台，连接螺栓应符合使用说明书的强度等级要求。

6. 悬挂平台增设副篮框时，应按悬挂装置承载能力计算确定悬挂平台和副篮框载重量限定要求：

(1)增设横向副篮框时，副篮框横向宽度不应超过700mm，底板面积不超过$1m^2$，底板承载力不小于$100kg/m^2$；副篮框应设置在平台建筑物侧。

(2)增设纵向副篮框时，纵向副篮框可单侧或双侧设置。副篮框纵向长度不应超过1m，宽度与主篮框一致，底板承载力不小于$100kg/m^2$。

7. 悬挂平台上建议安装防撞杆装置，当平台碰到障碍物时，该装置应能停止平台的下降

12.2 电气及控制系统

项目	检查要点	常见问题	失效形式	检查方法
检查内容	1. 电控箱上的按钮、开关等操作元件应坚固可靠，且是自动复位式的，按钮应能有效防止雨水进入。 2. 操作的动作与方向应以文字或符号清晰标示在电控箱上或其附近面板上。 3. 悬挂平台上必须设置紧急状态下切断主电源控制回路的急停按钮，急停按钮不得自动复位。 4. 吊篮下垂的随行电缆应有采取防止电缆碰挂建筑物的安全措施。 5. 电控箱应设置隔离、过载、短路、漏电等电气保护位置，并应符合现行行业标准《施工现场临时用电安全技术规范》JGJ 46 的规定。 6. 主电路相间绝缘电阻应不小于0.5MΩ，电气线路绝缘电阻应不小于2MΩ	按钮松动、脱落	作业工人容易误操作，引发事故	检查位置： 悬挂平台内 检查方法： 目测，手动测试
		标识不清晰		
		急停按钮损坏	无法在紧急状态下切断电源，使吊笼停止运行	
		电缆断裂	平台失去动力，悬停空中，作业人员在不懂应急操作情况下容易出现安全事故	
		断相、过载等保护器短接、失效	电机缺少过载保护而烧毁	
检查图例	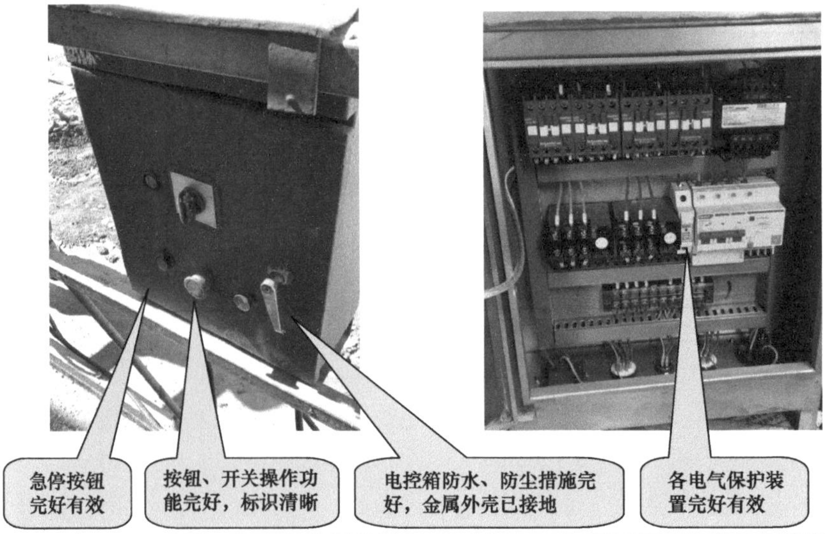 急停按钮完好有效 按钮、开关操作功能完好，标识清晰 电控箱防水、防尘措施完好，金属外壳已接地 各电气保护装置完好有效			

<table>
<tr><td rowspan="2">
隐患图例</td><td></td><td>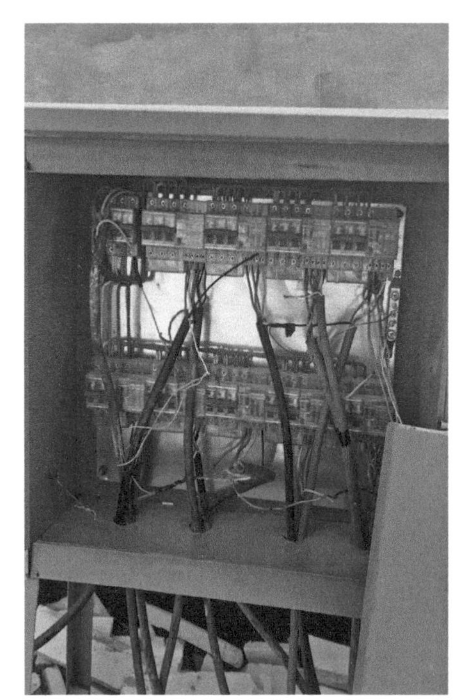</td></tr>
<tr><td>电控箱固定不符合要求</td><td>接线不符合施工现场用电要求</td></tr>
<tr><td>预防措施</td><td colspan="2">1. 应定期检查电控箱,及时更换损坏的按钮、开关、急停按钮等电气元件。
2. 在悬挂平台上设置的照明设施,应使用36V及以下安全电压。不得利用吊篮电控箱作为外接用电器的电源。
3. 电源电缆应设保险钩,以防止电缆过度张拉引起电缆、插头、插座的损坏;对悬挂高度超过100m的电源电缆,应有辅助抗拉措施。
4. 应设置相序继电器确保电源缺相、错相连接时不会导致错误的控制响应;应设置变压器对控制电源与主电源进行有效隔离。
5. 主电源回路应有过电流保护装置和灵敏度不小于30mA的漏电保护装置。
6. 当设备通过插头连接电源时,与电源线连接的插头结构应为母式;在拔下插头的状态下,操作者即可检查任何工作位置的情况</td></tr>
</table>

第13章 起升系统

13.1 提升机

<table>
<tr><th>项目</th><th>检查要点</th><th>常见问题</th><th>失效形式</th><th>检查方法</th></tr>
<tr><td rowspan="4">检查内容</td><td rowspan="4">1. 提升机与悬挂平台之间应连接牢固、可靠。
2. 当提升机静态承载1.5倍的极限工作荷载达15min，提升机承载零部件应无失效、变形或削弱，荷载应保持在原位；卸载后，提升机应能按照使用说明书进行正常操作。
3. 制动器应灵敏有效，静态承载1.5倍的极限工作荷载达15min时，制动器应无滑移或蠕动现象。
4. 手动下降装置应有效，且可自动复位，最小下降速度为提升机额定运行速度的20%。
5. 电机外壳及所有电气设备的金属外壳、金属护套都应可靠接地，接地电阻应不大于4Ω</td><td>固定螺栓缺失、松动、用代用品</td><td>提升机与悬挂平台连接失效，平台失控下坠</td><td rowspan="4">检查位置：
悬挂平台内

检查方法：
目测，手动测试及加载试验</td></tr>
<tr><td>出现卡绳、异响</td><td>提升机故障导致平台无法升降，平台长时间悬挂空中，容易出现意外事故</td></tr>
<tr><td>制动片磨损、无防护罩</td><td>制动器容易因积灰尘或磨损，导致制动失灵，平台失控下坠</td></tr>
<tr><td>手动释放手柄缺失</td><td>在平台因故障或失去动力时，无法将平台在无动力情况下放置于地面，容易使平台内的作业人员出现意外</td></tr>
</table>

<table>
<tr><td>检查图例</td><td colspan="2"></td></tr>
<tr><td rowspan="2">隐患图例</td><td></td><td></td></tr>
<tr><td>固定螺栓松动</td><td>螺栓未紧固,螺母缺失</td></tr>
</table>

<table>
<tr><td rowspan="2">隐患图例</td><td></td><td></td></tr>
<tr><td>手动下降装置缺失</td><td>手动下降装置缺失</td></tr>
<tr><td>预防措施</td><td colspan="2">1. 提升机发生卡绳故障时,应立即停机,不得反复按动升降按钮强行排险。
2. 提升机上应设置松绳保护装置,在钢丝绳松弛或平台放置于地面或楼面等工作钢丝绳无载荷情况发生时,应能停止平台的下降。
3. 提升机退场保养时应进行定期测试,在电动机被机械锁定状态下,静态承载4倍的极限工作荷载达15min,钢丝绳应无滑移;承载零部件应无失效且荷载应保持在原位。
4. 为控制下降速度,无动力下降应设计有离心式限速器,使可控下降速度低于后备装置的触发速度,否则后备装置将触发。
注:后备装置——在紧急情况(如工作钢丝绳断裂或提升机失效)下停止平台下降的装置(如防坠落装置、后备制动器等)</td></tr>
</table>

13.2 钢丝绳

<table>
<tr><th>项目</th><th>检查要点</th><th>常见问题</th><th>失效形式</th><th>检查方法</th></tr>
<tr><td rowspan="4">检查内容</td><td rowspan="4">1. 吊篮钢丝绳的型号和规格应符合使用说明书的要求。
2. 工作钢丝绳直径不应小于6mm,安全钢丝绳直径应不小于工作钢丝绳直径。
3. 安全钢丝绳、工作钢丝绳应分别独立悬挂,且不得松散、打结,且应符合现行国家标准《起重机钢丝绳 保养、维护、检验和报废》GB/T 5972 的规定。
4. 在悬挂平台下降至下极限位置时,工作钢丝绳尾端应垂落至地面或用于停放悬挂平台的建筑平台上。
5. 安全钢丝绳下端应悬挂重锤,使吊篮正常运行时,安全钢丝绳始终处于悬垂张紧状态</td><td>钢丝绳规格不符合要求</td><td rowspan="2">钢丝绳断裂,导致悬挂平台失控下坠</td><td rowspan="4">检查位置:
地面及整个工作面

检查方法:
目测,卡尺测量</td></tr>
<tr><td>钢丝绳变形、松散、锈蚀、损伤</td></tr>
<tr><td>工作钢丝绳过长且未整理</td><td>过长钢丝绳容易受外界干涉,造成损伤,严重时会导致悬挂平台受到外力作用出现意外事故</td></tr>
<tr><td>重锤落地、采用代用品且重量不足</td><td>安全钢丝绳松弛,在平台失控下坠时,安全锁无法锁住</td></tr>
<tr><td>检查图例</td><td colspan="4"> 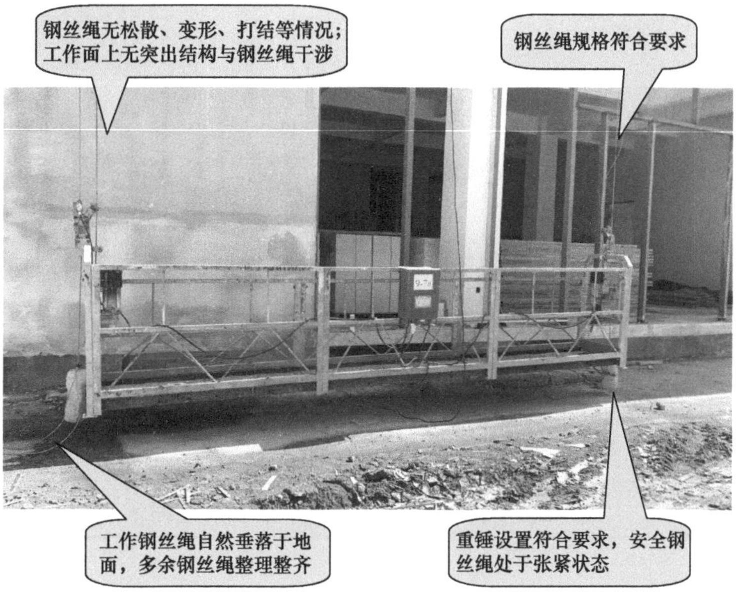钢丝绳无松散、变形、打结等情况;工作面上无突出结构与钢丝绳干涉
钢丝绳规格符合要求
工作钢丝绳自然垂落于地面,多余钢丝绳整理整齐
重锤设置符合要求,安全钢丝绳处于张紧状态</td></tr>
</table>

隐患图例		

	钢丝绳弯折变形	钢丝绳与钢结构干涉

	钢丝绳松散	安全钢丝绳未穿过安全锁，绑扎在栏杆上

<table>
<tr><td rowspan="2">隐患图例</td><td></td><td></td></tr>
<tr><td>重锤用代用品且已落地</td><td>重锤已落地</td></tr>
<tr><td>预防措施</td><td colspan="2">1. 安全钢丝绳应单独设置,型号规格应与工作钢丝绳一致。
2. 应经常仔细检查工作钢丝绳和安全钢丝绳是否存在损伤或缺陷,并且对附在绳上的涂料、水泥、玻璃胶等污物必须及时彻底清理,不能涂油。
3. 在悬挂平台内进行电焊作业时,应注意钢丝绳与钢结构龙骨等立面突出物距离和擦碰风险,并应对钢丝绳采取绝缘保护措施。
4. 安全钢丝绳下端应安装重量不小于7.5kg的重锤,不得采用散装物代替,重锤底部至地面高度宜为100~200mm,且应处于自由状态;不得拆除重锤或使安全钢丝绳处于松弛状态</td></tr>
</table>

13.3　安全装置

项目	检查要点	常见问题	失效形式	检查方法
检查内容	1. 安全锁 (1)安全锁与悬挂平台之间应连接牢固、可靠。 (2)安全锁应完好有效，严禁使用超过有效标定期限的安全锁。 (3)摆臂防倾斜式安全锁锁绳角度应不大于14°，当平台纵向倾斜角度大于14°时，应能自动停止平台的升降运动。锁绳距离应不大于500mm。	安全锁标定日期超1年、出厂日期造假、人为绑扎失效	安全锁处于不安全状态，当悬挂平台失控时，无法起到安全制停作用	检查位置：悬挂平台内及屋面 检查方法：目测，试验
	2. 安全绳 (1)应独立设置作业人员专用的挂设安全带的安全绳，且安全绳规格、材质符合使用说明书要求。 (2)安全绳应可靠固定在建筑物结构上，不应有松散、断股、打结，在各尖角过渡处应有保护措施。	安全绳存在损伤、在尖角处未采取保护措施、未固定在建筑物上或固定点强度不够	安全绳无法承受作业人员下坠时的冲击，导致作业人员失去最后一道保护而坠落	
	3. 行程限位 (1)应安装上限位和终端起升极限限位，各限位装置应动作正常、灵敏有效。 (2)终端起升极限限位开关应正确定位，平台在到达工作钢丝绳极限位置之前完全停止。 (3)上限位与终端起升极限限位应有各自独立的控制装置	上限位未固定或缺失、极限限位未设置、终端限位挡块破损	在顶部作业时，容易导致悬挂平台冲撞悬挂装置，钢丝绳断裂后悬挂平台坠落	

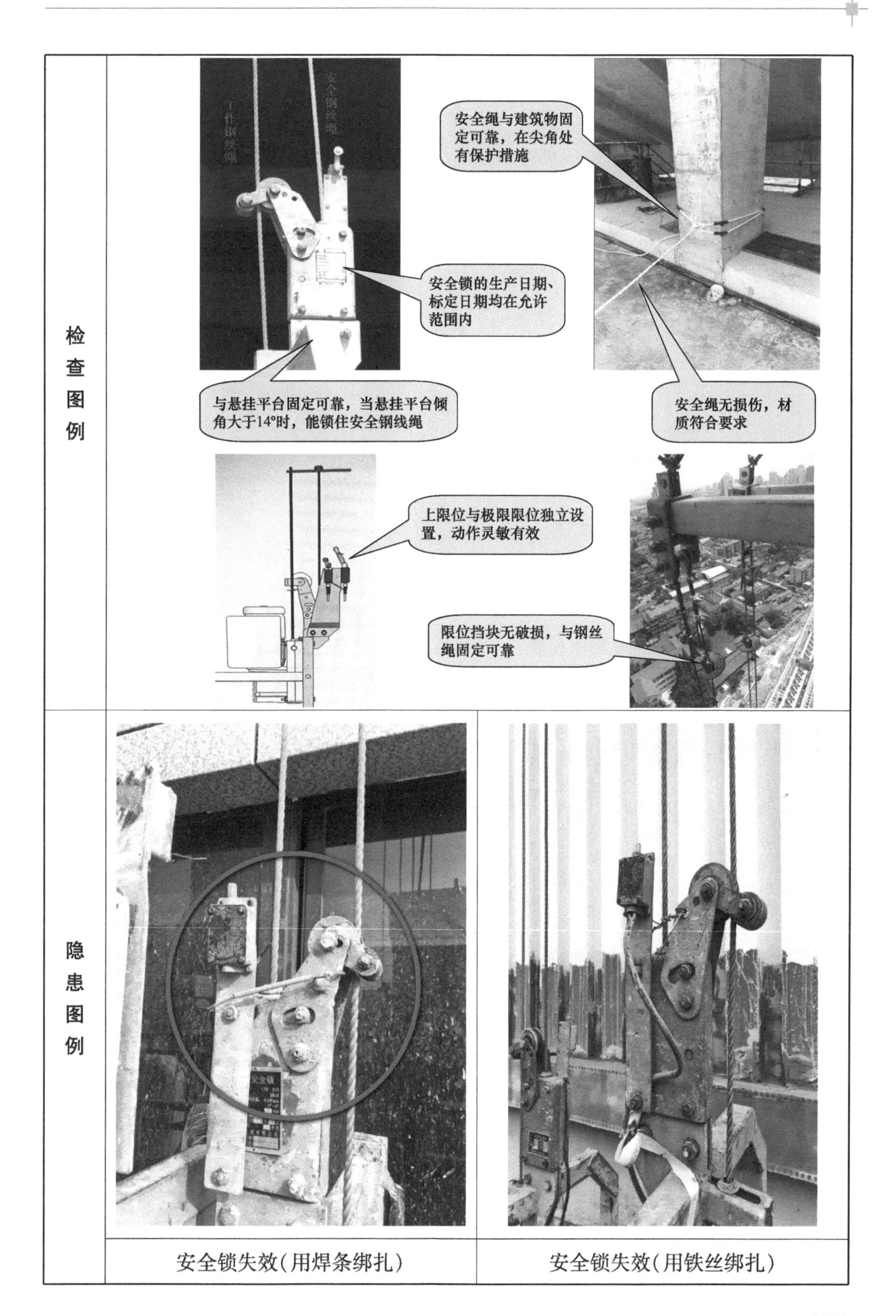

检查图例
工作钢丝绳
安全钢丝绳
安全锁的生产日期、标定日期均在允许范围内
与悬挂平台固定可靠，当悬挂平台倾角大于14°时，能锁住安全钢线绳
安全绳与建筑物固定可靠，在尖角处有保护措施
安全绳无损伤，材质符合要求
上限位与极限限位独立设置，动作灵敏有效
限位挡块无破损，与钢丝绳固定可靠
隐患图例
安全锁

安全锁失效(用焊条绑扎)

安全锁失效(用铁丝绑扎)

<table>
<tr><td rowspan="4">隐患图例</td><td></td><td>
</td></tr>
<tr><td>安全钢丝绳未设置</td><td>安全锁未标定,铭牌用胶纸粘贴</td></tr>
<tr><td></td><td>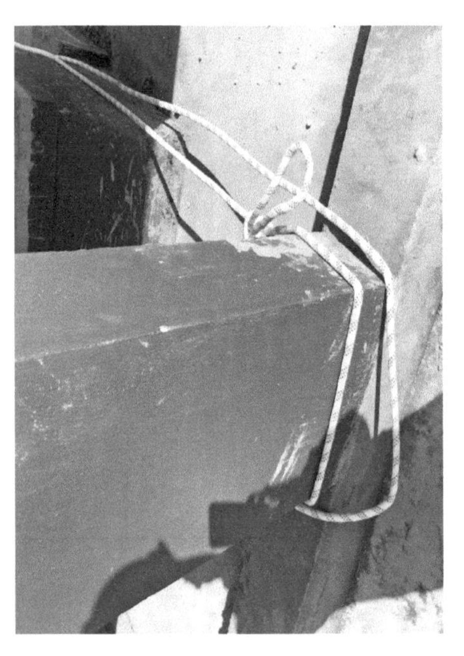</td></tr>
<tr><td>安全绳设置错误,固定在后支架上</td><td>安全绳在尖角处无保护措施</td></tr>
</table>

<table>
<tr><td rowspan="4">
隐患图例</td><td></td><td></td></tr>
<tr><td>安全绳损坏</td><td>安全绳固定点强度不够</td></tr>
<tr><td></td><td></td></tr>
<tr><td>安全锁无铭牌、上限位未接线</td><td>上限位缺失</td></tr>
</table>

<table>
<tr><td rowspan="2">隐患图例</td><td></td><td></td></tr>
<tr><td>上限位开关固定板松动</td><td>上限位破损</td></tr>
<tr><td>预防措施</td><td colspan="2">1. 应随时检查各限位开关和安全保护装置齐全、完好，灵敏、可靠，不得随意调整或拆除。
2. 吊篮进入施工现场安装前，应对安全锁进行标定，安全锁标定有效期最长为1年。
3. 安全锁出厂满3年应予报废，不得使用出厂年限、制造单位不明的安全锁。
4. 安全锁应由原制造商进行检修，并经检验机构重新标定合格后，方可投入使用。
5. 应加强作业人员的安全教育，不得为操作方便而使安全锁失效。
6. 日常应注意对安全绳的检查及保养，应储存在干燥和通风好的库房内，避免受潮或高温烘烤；不得将安全绳和有腐蚀作用的化学物品（如碱、酸等）接触。
7. 使用过程中应做好对行程限位开关的保护，防止受喷涂料影响而导致限位失效。
8. 上限位和终端极限限位挡块应独立地牢固安装在使用说明书指定的钢丝绳上，且与钢丝绳上固定悬挂点的安全距离大于500mm。
9. 悬挂平台不能落地的应安装下限位装置。
10. 吊篮宜安装超载检测装置，应能检测平台上操作者、装备和物料的荷载，以避免由于超载造成的人员危险和机械损坏</td></tr>
</table>

第14章 安装与使用

项目	检查要点	常见问题	失效形式	检查方法
检查内容	1. 吊篮安装后二次移位时悬挂装置需解体和停用超过3个月后重新使用的均应由安装单位进行自检，自检合格后报检验机构进行安装检验。	吊篮安装、二次移位后未经检测就投入使用	吊篮存在安全隐患，使用过程中容易发生安全事故	检查位置：现场 检查方法：查阅资料，目测，手动测试
	2. 吊篮验收合格后应悬挂验收合格牌和当前安装条件下核定载重量标志；不得将吊篮用作垂直运输设备。	吊篮超载使用	导致吊篮结构件因超载出现变形，直至断裂	
	3. 使用吊篮作业时，应排除影响吊篮正常运行的障碍；在吊篮下方可能造成坠物伤害的范围，应设置安全隔离区和警告标志，人员或车辆不得停留、通行。	吊篮作业下方未设置安全隔离区	高空坠物导致下方作业人员受到伤害	
	4. 在钢结构上安装用于电焊作业的吊篮时，悬挂装置与钢结构之间宜采取绝缘措施；悬挂平台内严禁放置氧气瓶、乙炔瓶和通电使用的电焊机等易燃易爆品。	电焊作业时，未采取绝缘措施	钢丝绳受到电弧损伤后断裂，悬挂平台失控下坠	
	5. 吊篮内作业人员应佩戴安全帽，系安全带，并将安全锁扣正确挂置在独立设置的专用安全绳上。在吊篮内从事安装、维修等作业时，操作人员应佩戴工具袋，防止物件高处坠落。	工人未戴安全帽、未系安全带或未将安全带系在安全绳上	导致作业工人出现物体打击或高处坠落事故	

<table>
<tr><td rowspan="3">检查内容</td><td rowspan="3">6. 上下立体交叉作业时,悬挂平台上应设置顶部防护板。
7. 悬挂平台与作业面距离应在规定要求范围内;悬挂平台作业时应采取防止摆动的措施。
8. 吊篮停止作业时,不得将悬挂平台停留在半空中,应放至地面。人员离开吊篮、进行吊篮维修或每日收工后应将主电源切断,并将电气柜中各开关置于断开位置并加锁。
9. 当吊篮施工遇有雨雪、大雾、风沙及工作处风速大于 8.3m/s (相当于 5 级风力)以上大风等恶劣天气时,应停止作业,将悬挂平台停放至地面,并对可能受风力晃动的钢丝绳、电缆和安全绳进行绑扎固定</td><td>作业时未将平台与建筑物进行连接</td><td>平台晃动时容易导致作业工人出现坠落;使用过程中受天气突变影响,导致平台被吹动,作业工人受到伤害</td><td rowspan="3">检查位置:现场

检查方法:查阅资料,目测,手动测试</td></tr>
<tr><td>停止作业时,未将平台停置于地面</td><td rowspan="2">暂停使用期间,容易受天气突变影响,导致吊篮结构件变形报废或建筑物受到撞击后受损</td></tr>
<tr><td>大风天气时,未锁住平台、钢丝绳</td></tr>
<tr><td>检查图例</td><td colspan="4">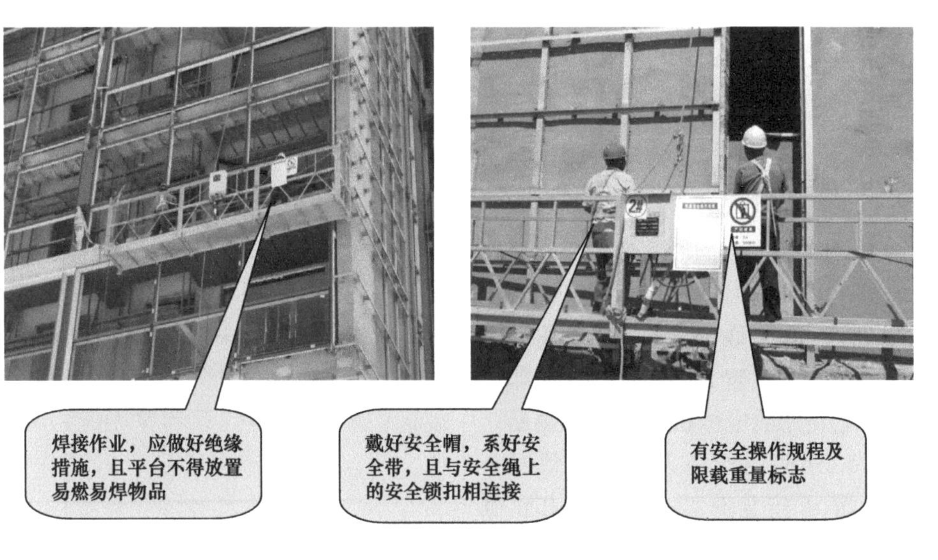</td></tr>
</table>

<table>
<tr><td>检查图例</td><td colspan="2">作业时，应将平台与建筑物进行固定
停止作业时，应将平台置于地面
吊篮作业下方应设置安全隔离区和警告标志</td></tr>
<tr><td rowspan="2">隐患图例</td><td></td><td></td></tr>
<tr><td>电焊机放置于平台内,未采取防护措施</td><td>平台无法落地,下方用砖块单点垫平,容易倾倒</td></tr>
</table>

<table>
<tr><td rowspan="4">隐患图例</td><td></td><td></td></tr>
<tr><td>平台任意放置，远离作业面</td><td>作业结束后平台未放置于地面</td></tr>
<tr><td></td><td>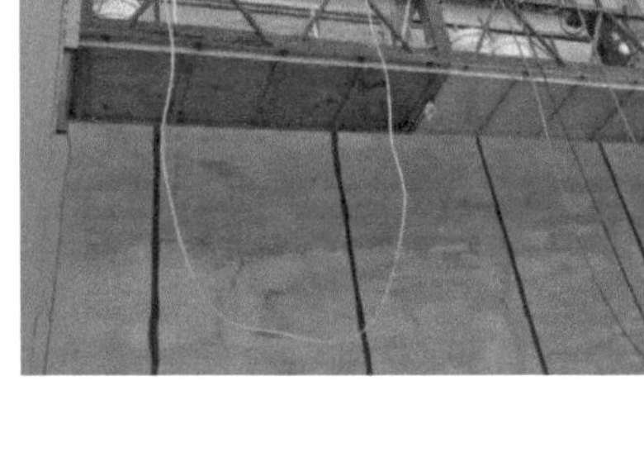</td></tr>
<tr><td>未系挂安全带情况下，在平台栏杆上行走</td><td>未系挂安全带</td></tr>
</table>

<table>
<tr><td rowspan="2">隐患图例</td><td></td><td>
</td></tr>
<tr><td colspan="2">吊篮二次移位后，后支架连接螺栓漏装，导致悬挂平台坠落</td></tr>
<tr><td>预防措施</td><td colspan="2">1. 吊篮安装、移位和拆除应由专业安装单位负责实施；严禁使用单位擅自进行移位作业。
2. 吊篮在同一安装楼层进行移位时，应将悬挂平台降落至地面，并使其钢丝绳处于松弛状态；移位时应切断总电源，禁止在通电情况下进行吊篮移位；移位后应进行自检和验收。
3. 吊篮安装后，应进行相关检验和功能测试，以确认吊篮组装正确，且所有安全部件运行正常；使用前安装人员应签发确认吊篮完整性的移交证明。
4. 吊篮使用时，悬挂平台内应保持荷载均衡，平台内荷载不宜超过安装检验报告额定载重量的80%，严禁超载运行。物料的装载不应超出平台界限范围；易滑脱的物料，应有固定、绑扎等防护措施。
5. 在悬挂平台内进行电焊作业时，应对悬挂平台及钢丝绳采取绝缘保护措施。电焊缆线不得与吊篮任何部件接触；电焊钳不得搭挂在悬挂平台上。
6. 采用吊篮作为工作平台进行喷涂作业或使用腐蚀性液体进行清洗作业时，应对吊篮的提升机、防坠落装置、钢丝绳、电气控制柜采取防污染保护措施，并每日清理吊篮部件表面的粘附物。
7. 每根安全绳悬挂人员不应超过2人。当悬挂平台上的作业人员超过2名时，应每人配备1根独立悬挂的安全绳。
8. 吊篮正常工作时，人员应从地面进出悬挂平台，不得从建筑物顶部、窗口或其他孔洞进出平台。吊篮处于故障或特殊情况应急状态，需从非地面进出悬挂平台时，应有安全保证措施。
9. 悬挂平台内应放置类似钢筋拉钩、绳索等物件，并了解在建筑物立面结构上可以临时固定的位置。当吊篮使用中遇突发大风，应根据平台所在高度、风力合理采取下降悬挂平台着地、空中用拉钩（绳索）临时固定平台等方法，使操作人员安全撤离。</td></tr>
</table>

预防措施	10. 吊篮操作人员应经操作安全培训及应急情况处置，考核合格后方可上岗操作，防止因错误操作、违章操作或不懂应急操作而导致安全事故的发生。 11. 吊篮使用时，发现悬挂装置晃动、悬挂平台运行异常、发生异常响声等情况时，操作人员应立即停止操作并切断电源